社会派化粧品

social cosmetics

萩原健太郎

社会派化粧品とは

ここ10年ほど、取材で地方をまわっていると、駅前の商店街のシャッターは閉じられ、まちに不釣り合いな公共施設が建ち、郊外のショッピングモールの駐車場は満車という、地方色が薄れた画一的な風景を目にする機会が増えた。そこに暮らす人々の利便性を考えるとわからなくもないのだが、一抹の寂しさを感じざるを得ない。たまにしかやって来ない人間のセンチメンタリズムだといわれれば、その通りなのだが。

もちろん、国も地方自治体も民間も、手をこまねいて見ているわけではない。地方への関心は高まりつつあるし、実際に移住者が増えているエリアもある。地元の食材や郷土料理、伝統工芸品をPRしたり、暮らしぶりを発信したりして魅力を伝えている。個人的にもこれまで、民藝や手仕事に関する書籍を出版し、手ごたえもある。しかし、多少の手詰まり感も抱いていた。

そのようなとき、ふとしたきっかけで、卒業して以来、ほぼ20年ぶりに高校の同級生と再会した。その同級生が、現在、株式会社クレコス代表取締役社長兼アルデバラン株式会社代表取締役社長の暮部達夫だった。飲みながら話を聞いていると、地方を訪れ、特産の自然原料を使い、地元のプレイヤーたちと、その場所でしかつくれない化粧品をプロデュースしているという。これは、一種の地方創生なのではないか。彼らの活動を一冊の本にしたいと思った。

この本で紹介している化粧品は、国内外で広く流通しているものとは一線を画する。素材を厳選し、ていねいにつくっているので、それほどたくさんはつくれない。それらは、ナチュラルコスメ、オーガニックコスメ、ご当地コスメなどと呼ばれるが、本書は、人を心身から美しくするだけでなく、地域を、社会を美しくする化粧品という思いを込めて、「社会派化粧品」と名づけた。

さっそくページをめくり、社会派化粧品に携わる人々の何気ないけれども幸せな日常に触れてみてください。そして、もし気になる場所が見つかったら、ぜひ彼らに会いに行ってほしいと思います。きっとあたたかく迎えてくれることでしょう。

萩原　健太郎

社会派化粧品とは 2

全国 社会派化粧品 MAP 6

社会派化粧品 ブランド

① NALUQ ナルーク — 北海道上川郡下川町 14

② rosa rugosa ロサ・ルゴサ — 北海道十勝郡浦幌町 22

③ FERMENSTATION ファーメンステーション — 岩手県奥州市 28

④ 明日 わたしは柿の木にのぼる — 福島県伊達郡国見町 34

⑤ sorashi-do ソラシード — 新潟県阿賀野市 38

⑥ NEROLILA Botanica ネロリラ ボタニカ — 東京都港区 50

⑦ amritara アムリターラ — 東京都目黒区 58

⑧ MURASAKIno ムラサキノ — 滋賀県東近江市 64

⑨ CRECOS クレコス — 奈良県奈良市 70

⑩ QUON クオン — 奈良県奈良市 78

⑪ IERU イエル — 大阪府大阪市 88

⑫ yaetoco ヤエトコ — 愛媛県西予市 94

⑬ ecobito エコビト — 佐賀県神埼市 102

⑭ TSUBAKI SAVON ツバキサボン — 佐賀県唐津市 108

⑮ Retea レティア — 佐賀県嬉野市 114

⑯ BOTANICANON ボタニカノン — 鹿児島県肝属郡南大隅町 126

⑰ naure ナウレ — 沖縄県宮古島市 132

インタビュー集

吉川千明さん　×　岸紅子さん
「オーガニックコスメを通じて地域や社会のこれからを考える」　8

ヒッコリースリートラベラーズ　迫一成さん
「地方だからできるデザイン、もの・ことづくりのこと」　46

早坂香須子さん　×　杉谷恵美さん
「地方の魅力を再発見　コスメ版『ディスカバー・ジャパン』」　56

UBMジャパン　江渕敦さん
「『ジャパンメイド・ビューティ　アワード』の意義」　86

ジャパン・コスメティックセンター　八島大三さん
「ジャパン・コスメティックセンター（JCC）の将来の構想について」　118

Karatsu Style　片渕一暢さん
「地元の天然素材を活用し、健康食品をプロデュース」　122

matsurica 藤原美紀子さん
「売場から見たオーガニックコスメ」　138

『TURNS』堀口正裕さん
「移住することだけが地方への貢献じゃない？」　140

NIPPON social cosmetics MAP

社会派化粧品

1
NALUQ
ナルーク
北海道上川郡下川町

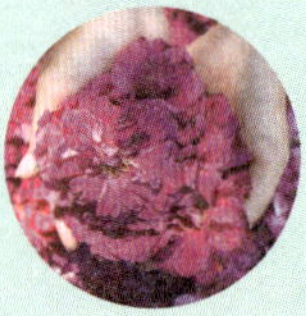

2
rosa rugosa
ロサ・ルゴサ
北海道十勝郡浦幌町

3
FERMENSTATION
ファーメンステーション
岩手県奥州市

4
**明日 わたしは
柿の木にのぼる**
福島県伊達郡国見町

5
sorashi-do
ソラシード
新潟県阿賀野市

6
**NEROLILA
Botanica**
ネロリラ　ボタニカ
東京都港区

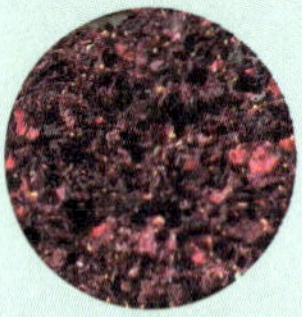

7
amritara
アムリターラ
東京都目黒区

8
MURASAKIno
ムラサキノ
滋賀県東近江市

9
CRECOS
クレコス
奈良県奈良市

10
QUON
クオン
奈良県奈良市

11
IERU
イエル
大阪府大阪市

12
yaetoco
ヤエトコ
愛媛県西予市

13
ecobito
エコビト
佐賀県神埼市

14
TSUBAKI SAVON
ツバキサボン
佐賀県唐津市

15
Retea
レティア
佐賀県嬉野市

16
BOTANICANON
ボタニカノン
鹿児島県肝属郡南大隅町

17
naure
ナウレ
沖縄県宮古島市

オーガニックコスメを通じて地域や社会のこれからを考える

インタビュー対談 ― 吉川千明さん × 岸 紅子さん

プロダクトとしてオーガニックコスメを普及させてきた第一人者の吉川千明さん。そして、NPO法人日本ホリスティックビューティ協会（HBA）などの活動を通じて概念を伝えている岸紅子さん。オーガニックについて考えてきたお二人の対談から、地域や社会のこれからを考えるヒントが見えてきました。

●これまでの地方創生の鍵といえば、郷土料理や伝統工芸品が中心だったように思うのですが、ジャパン・コスメティックセンター（P.118）の活動の成果もあり、オーガニックコスメもその一つに加わってきたように思います。いかがでしょうか？

吉川（以下・吉）　その通りです。地域の特性を活かした質の良いコスメは次の産業の担い手になると思います。きちんと旗を揚げたジャパン・コスメティックセンター（JCC）の功績は大きいですね。今回、唐津に「FACTO」（P.70）を開かれた暮部さん（株式会社クレコス代表取締役社長兼アルデバラン株式会社代表取締役社長）が以前からやってきたことがまさにそれ。ご当地のいいものをコスメにする「ご当地コスメ」は地方創生に確実につながります。

岸（以下・岸）　私、そのテーマで雑誌に連載を持っていました。その土地、その土地に水があり、土があり、植物があるわけで、その土地の水って「マザーウォーター」なんですよね。山と海も恋人同士だし。そのコスモスのなかで生まれたコスメっていうのは、一つの世界がつくられ、それを使う人はもちろん、地元の人たちの役に立つ。地方をまわると、独特のご当地コスメがあって、その土地の美人さんがいて、つながっている感じがしました。

吉　今、インターネットで世界とグローバルにつながって、海外のものを輸入するのも自由になりましたよね。

吉川千明　よしかわ ちあき（右）
美容家、オーガニックスペシャリスト。オーガニックビューティーの第一人者として多岐に渡り活躍中。ビューティー、食、漢方、女性医療などナチュラルで美しいライフスタイルをさまざまな角度から提案している。http://biodaikanyama.com

でも、オーガニックの基本って「ローカル」「地産地消」でしょ、だから、わざわざ飛行機に乗せて石油をばらまいて、近くでつくれるものを遠くから運ぶのって一番おかしいことだと思うの。近所で買いものをしたり、近所のものを食べたり、地域で結びつくべきじゃないかな。たとえば、糸島（福岡県）なんかは、外からお客も来るけど、そこに暮らす人々はまず自分たちが楽しむことを考えているんです。もう一度、自分のまわりを見てみるべきだと思うの。

岸 すごくよくわかります。

吉 今、日本のコスメは、海外の人たちにとても評価されていますよね。やっぱり誠実なんですよ、日本人は。でも、さらにしっかりしたルールを決めて、ほんとうに世界に恥ずかしくないコスメをつくってほしい。紅子さんが言ったように、地域ごとに良い植物があるのだから、それを原料にしたコスメをつくって、近所で買えればいいのに、って。

岸 都会だと身近な自然がなくなっていて、自然に対する目を見張るような好奇心みたいなものをみんながちょっとずつ失っているような気がして。それは、生きる力と連動している感じがする。でも、都会でコンクリー

岸 紅子 きしべにこ（左）

ホリスティック美容家、NPO法人日本ホリスティックビューティ協会代表理事。医師や美容・健康の専門家と提携し、2010年に「ホリスティックビューティ検定」をスタート。温活・腸活・菌活などのセルフケアムーブメントを牽引。https://h-beauty.info

トに囲まれているからダメというのではないんです。自然性というのは誰もが持っているものだから、それをもっと大事にして、活かしていくというのが、未来のケアのあり方だと思うんです。そのためには、自分の力を削ぐようなものをなるべく体に入れないようにしたいですね。自分が持っている治癒力こそ、完璧な自然なんですよ。そこに手を加えたり、無駄なものを取ったりするから、自分のなかの環境が失われていくんです。私たちの体って流動体だから、しっかり自然と流動していくのが大事だと思います。

●吉川さんにとって、オーガニックコスメとの出会いは、1993年のイギリスの「ニールズヤード レメディーズ」だったとのことですが、どういうところに惹かれたのですか？

吉　とにかくエッジが効いていてね、かっこいいと感じました。1981年の創業なのですが、最初から再生ボトルを使っていたりして。ニールズヤードが始まった頃のイギリスもすでに、農業も食も肌につけるものも化学物質まみれだったとか。そのときに、このままじゃまずいよね、と警鐘を鳴らしていた人たちがいて、そのなかに、創設者のロミー女史もいたのね。ナチュラルで安全なスキンケアをつくりたいと。今もその姿勢は変わっていなくて、大量につくってばらまくのではなく、小ロットでもきちんとつくることが大事だと。これが「スモール イズ ビューティフル」の考え方。大量生産で長期保存しようとするから、合成の強い化学物質でできた保存料や合成色素、合成香料が必要になってくる。

●それから25年が経ちましたが、どういう風につきあってこられたのですか？

吉　自分自身で良さを体感しています。私はもともと美容オタクで、コスメが大好きだったの。それもナチュラルなものでなく、20代前半からバリバリのブランドコスメ好き。リッチなものを使いすぎて、かぶれて、皮がめくれて、いつもステロイドまみれだった。若いときは、みんなやりたいでしょう(笑)。ニキビのようなブツブツも出て、病院で抗生物質をもらうようになっていました。でも、妊娠してお世話になっていた皮膚科に行くと、副作用が心配だからもうあげられない、って言われて。それで、そういうものなんだ、長く使っちゃいけないものなんだ、って気づいたんです。要は薬のいらない肌にしなくてはならないということですよね。それからニールズヤードや日本に入りたてのアロマテラピーに出会って、肌は綺麗になりました。もうそういうもの（抗生物質など）が必要なくなったの。植物のいい香りがして、気持ちが癒されて、肌がどんどん元気になっていく、というのを実感したのです。

●それから、「ジュリーク」を始められたわけですね。

吉 ジュリークと出会ってからは、1997年に日本初の旗艦店をオープンするなど、育てることに一生懸命でした。日本ではオーガニックコスメが何たるか知られていませんでしたから、全力でやりました。スタッフをオーストラリアへ連れて行って実際に畑を見せるなど、純粋培養で教育をしました。私にとってはジュリークは小さくて光り輝く宝石のようなブランドでしたが、今や、日本のトップ企業であるポーラの傘下に入り、次の新しい成長を遂げています。これはある意味シンデレラストーリーですが、大抵のオーガニックブランドは「小さい！」です。小さいけれど幸せ感満載なのが、オーガニックの世界です。

岸 大きいことはいいことだ、ではないんですよね。オーガニックの世界がいいなあ、と思うのは、やっている人たちの幸福感が半端ないんですよ。ベーシックな部分に自然に対する愛があれば、おたがいに対しての感謝やリスペクトが生まれてくると思う。ライバルだけど仲間というか、こういうつながり方ができるって、この世界だけじゃないかな。

●たしかに本書でも、原料の供給や製造面など、地域やメーカーを越えた取り組みの事例が多く見られます。吉川さんは、2008年にオーガニックコスメのPRオフィスとして「ビオ代官山」を設立されましたが、どういう思いから始められたんですか？

吉　一般的な化粧品業界の開発者にとっては、ケミカルを使うのはあたりまえなんですよ。色が変わるものや腐りやすいものを嫌がるから、何の抵抗もなく石油由来の防腐剤や合成着色料を入れてしまう。そうなる前に使い切ればいいし、それを消費者に伝えればいいだけなんだけど。考え方の根底が違うのね、もう刷り込まれてしまっているから。そういう人たちに再教育するよりも、新しい人を育てた方がいい。ビオ代官山というランドマークをつくれば、ものや情報が集まってくるだろうし、それを共有すればいいと思ったのです。

● 岸さんも20代の頃は、起業して、さまざまなプロモーションや商品開発などにかかわったり、メディアでも多くの連載を持ったりと、猛烈に働かれていたとか。若い頃、無茶したというのは吉川さんと似ているような……（笑）

岸　体調崩したら薬に頼って、顔にもブツブツができて、フォトレタッチで修正してもらっていました（笑）。

吉　私たち実体験しているからね。よくオーガニックをしている人って、もともと清廉潔白ではみ出さない人と思われるけど、逆よね、逆（笑）。エッジの効いた人たちだから体制に巻かれないのよ。

岸　オーガニックって結構パンクだと思う。

吉　隣の人が使っているから使う、というのは違うと思う。私はとにかく女性に意志を持って、ものを選んでほしい。女性の行動が世界を変えることができるから。

● それで、岸さんは31歳のときに病で倒れられましたよね。それからどのように意識は変わられたのですか？

岸　ストレス性の喘息と女性ホルモンの病気になって、さんざん薬も使って、不妊も経験し、やっと妊娠して、生まれてきた娘が重度のアトピーと食物アレルギーだったんですよ。私は20代後半から30代後半くらいまで、いろんなものにぶつかってはガランガラン回されるような感じだったんですよ（笑）。でも、そこにたくさんの学びがあって、死なない程度に自分が病気になったことは、セルフケアが大事だということに目覚めさせてくれたいいきっかけでした。

●ホリスティックビューティ協会の活動についてもお聞かせいただけますか？

岸 私は自分自身が経験したことからしか学びを得られないので、病のことや娘のアレルギーなどを経て、免疫のあり方、心や体のシステム、意識や波動など、ホリスティックな内容について学びました。それらのなかで、暮らしに役立ちそうなことはないかな、と思いながら、小さな発信を行っているという感じです。知らないうちに、ホリスティックな私、になっていただけたらいいな、って。ホリスティックビューティの教科書では、自分を知りましょう、から始まっています。「何がいいんですか？」「これです」みたいな答えはないんです。自分が何者で、どういう構造で、どういう仕組みで動いているのかを知ること。そのうえで、普段食べるものや肌につけるものなどを選択し、不調になったときには、漢方やアロマ、ハーブ、マッサージなどの自然療法を。それでもどうしようもないときに薬や手術という手段があるんです。

●それでは、最後になりますが、本書に登場する地方の原料を使ってコスメをつくるプレイヤーたちにメッセージをいただけますか？

岸 日本人は元来、五感が鋭い民族だと思うんですけど、化粧品って五感に働きかけるものですよね。香りだったり、テクスチャーだったり、毎日刺激してくれる。そういうものを日本人が中も外もしっかりとデザインして、クオリティの高いものを世界に向けて発信していくことって、日本のお家芸になると思うんです。

吉 この本に登場する人たちの自然とともにある暮らしぶりも、もっと知ってほしい。そして、彼らの住む地域の旅館やホテルはアメニティーに海外の化粧品ではなく、彼らがていねいにつくったものを置いてくださるように！ お願いします。いいものをつくっていきましょう。心から、私は応援しています。

NALUQ

ナルーク

北海道上川郡下川町

町の面積の9割を占める山（森林）は、

スキージャンパーを育て、町民の暮らしを支えてきた。

森にまつわる先進的な取り組みは

国際的にも高い評価を受け、

近年は自然との共生を望む移住者が増えているという。

その森のトドマツの恵みからエッセンシャルオイルが生まれ、

移住者たちの手により

オーガニックコスメブランド「ナルーク」が誕生した。

森とともにある暮らし

下川町の暮らしは、森とともにあるといってもいい。今日にまで連綿と受け継がれるその歴史を振り返ってみたい。

下川町の面積は東京23区とほぼ同じで、約9割が森林だ。明治時代に北海道の開拓が始まると下川町へも本州から入植があり、木材は伐採され運び出され、林業が本格化した。1953年に国有林の払い下げを受けると、途中、自然災害や外国材の輸入による林産業の衰退などがありながらも、計画的な植林と適正な森林管理を続けた。98年に設立された「下川産業クラスター研究会」では森にまつわるさまざまな活動のアイデアが出され、2003年には、森林の環境保全に配慮し、地域社会の利益にかない、経済的にも継続可能なかたちで生産された木材に与えられる国際的な森林認証である「FSC®森林認証」を北海道ではじめて取得した。

下川町では、大切に育てられた木はどのように活用されているのか。まずは、おもに集成材も含めた建材として使われるが、建材に向かない木は円柱材や木炭などに加工される他、木質バイオマスボイラーの燃料やパルプとして利用される。また、加工中に出る端材やおがくずも、燃料や牛舎の敷料として活用し、おがくずをさらに炭化させたものは土壌改良材や融雪材として販売される。さらに、シラカバの間伐材は割り箸の原料に、トドマツの枝葉はアロマ用のエッセンシャルオイルになった。まさに、ゼロエミッション（生産や廃棄、消費に伴い発生する破棄物をゼロにすることを目的とする運動）の考え方を実践している。

森のライフスタイルを発信

2000年に事業化されたトドマツの精油は「HOKKAIDO もみの木」と名づけられ、下川町森林組合、NPO法人森の生活、株式会社フプの森と運営母体を変えながら、今日まで発展し続けている。現在のスタッフは3名だが、全員が町外の出身というのもおもしろい。事実、下川町では、30〜40代を中心に移住者が増加傾向だという。

代表を務めるのが、田邊真理恵さん。北海道千歳市出身の真理恵さんは、北海道大学在学中、サークルの活動を通じて森への関心を深めていく。そして07年1月、現在の夫の大輔さんと入れ替わるかたちで下川町へ移住し、森林組

雄大な雪景色が広がる下川町の2月

social cosmetics

1

SHIMOKAWA
HOKKAIDO

森は仕事場であり、リラックスの場でもある

ミーティングの様子。左からアルデバラン株式会社の暮部達夫社長、スタッフの安松谷千世さん、代表の田邊真理恵さん

エッセンシャルオイルの原料となるトドマツの枝葉

合に勤務することに。08年からは森の生活が組合の精油事業を引き継ぎ、09年にはブランドの名称を「フプの森」へ一新、そして12年、株式会社フプの森を設立し、代表に就任する。フプとは、アイヌ語でトドマツを意味する。

真理恵さんより以前にトドマツの精油事業に携わっていたのが、亀山範子さん。東京都出身の亀山さんは、子どもの頃から母の実家がある瀬戸内海の小さな島で過ごす夏休みが楽しみだったそうだ。その後は帯広畜産大学、就職、カナダでのファームステイなどを経て、下川町へ。現在は下川町と東京を行き来し、自動車メーカーのスバルのルームスプレーの開発を手がけるなど、OEMも担当している。

常駐のスタッフとして働くのが、大阪府出身の安松谷千世さん。フプの森との接点は、道東を旅行中に立ち寄った店でフプの森のミストに出会い、香りに魅了されたことだった。それから、ウェブサイトで「スタッフ募集中」の文字を発見し、旅からわずか4ヶ月後の13年6月に移住を果たす。その行動力には驚かされるが、実は結婚しており、以来、安松谷さんは下川、夫は大阪という遠距離生活を送っている。ただ、離れていることがおたがいにとって、今いる場所以外にも戻れる場所がある、という安心感につながっているという。

法人化から2年後の14年は、フプの森にとって大きな転機となった。ある日、森のなかで、「自分たちがやりたいこと」について話し合ったとき、答えは自然と出た。それは、「森と暮らすライフスタイルを伝えること」。そこからライフスタイルブランドを目指し、商品開発はスタート。15年にローンチしたブランド「NALUQ《ナルーク》」では、基礎化粧品ではなく、ソープやハンドクリーム、リネンウォーターなど、みんなで使えるものを充実させた。発表の翌年、「ソーシャルプロダクツ・アワード2016」の大賞を受賞するなど、その取り組みは早々に注目を集めた。今後はトドマツやカラマツの松ヤニの接着力を活かしたヘアワックスなどの開発を検討中という。ちなみにナルークとは、森で働く人たちがよく使っていた「ゆったりと、緩やかに」という意味を持つ言葉「なるく」が由来なのだとか。

さらに14年には、亀山さんの「あのさ、山買う?」とのつぶやきをきっかけに、自分たちのフィールドとなる山を購入している。実際に森を手入れする様子を発信したり、ワークショップを企画したり、将来的に小さなショールームなどを開いたり、たくさんの夢を描いている最中だ。

毎年２月に開催される「アイスキャンドルミュージアム」。下川町はアイスキャンドル発祥の地とのこと

社会派化粧品

Products

ハンドクリーム
スプリングエフェメラル

北海道産の成分をたっぷりと配合。しっとり保湿しながらさらっとした使い心地

リネンウォーター
ライケン

森の植物から採れた芳香蒸留水に、抗菌・消臭の働きがある緑茶エキス、抗菌の働きがあるグレープフルーツ種子エキスなどを配合

ボディオイル
スプリングエフェメラル

2016年、「ジャパンメイド・ビューティ アワード（第2回）」において優秀賞（コスメティック部門）を受賞

エッセンシャルオイル
北海道モミ

北海道の森を代表する樹種、トドマツの香り。ナルークシリーズの香りのベース

リップバーム
ライケン

北海道産ミツロウ配合で、馴染みよくやわらかなつけ心地

ソープ
スプリングエフェメラル

天然植物油脂のみを使用し、コールド製法特有のしっとりとした洗い上がりの石鹸

ナルークシリーズの二つの香り
●スプリングエフェメラル 森の木々のなか、小さな花たちが色とりどりに咲き誇る様子を香りで表現
●ライケン 独特の表情で彩られた樹皮の美しさが印象に残るトドマツの森の、しっとりとして清涼な空間を香りで表現

［ 問い合わせ先 ］
株式会社フプの森
〒098-1212 北海道上川郡下川町北町609
TEL 01655-4-3223 https://fupunomori.net

デザイン／田邉大輔

rosa rugosa

ロサ・ルゴサ

北海道十勝郡浦幌町

高校がない町で始まった、
子どもたちの未来のためのプロジェクト。
そのシンボルが、町の花のハマナス。
Japanese Roseと呼ばれる美しいバラは、
子どもから大人まで結びつけ、
やがて「ロサ・ルゴサ」という名前のオーガニックコスメを生み出した。
ただ、これはまだ、「子どもたちが夢と希望を抱けるまち」という
目標の第一歩に過ぎない。

町に彩りを、希望を与える美しいバラ

他の大多数の地方と同様に、浦幌町も人口減少が続いている。その影響は教育にもおよび、２０１０年には町内唯一の高校、北海道浦幌高等学校が閉校となった。当時は、町外に出たいと思っていた子どもたちも、最近のアンケートでは、町内の高校に通いたいという意見が増えているという。この10年ほど地道に続けてきた「うらほろスタイル推進地域協議会」の活動の成果が、実を結びつつあるようだ。

うらほろスタイルでは、「子どもたちが夢と希望を抱けるまち」を目指し、２００７年度から町内の小中学生を対象に、「地域への愛着を育む事業」「子どもの想い実現事業」「農村つながり体験事業」の３つのプロジェクトを進めてきた。さらに13年度からは、若者の雇用の場づくり「若者のしごと創造事業」を追加した。

若者のしごと創造事業の取り組みの一つに、「まちなか農園×商品開発プロジェクト」がある。まちなか農園で育てる農作物として選ばれたのが、町の花であるハマナスだ。ハマナスは日本原種のバラで、英名はJapanese Roseと呼ばれる。夏が訪れると、浦幌の海沿いは鮮やかな紅紫色に染まり、甘く芳しい香りに包まれる。その昔、アイヌの人々は、ビタミンCの供給源として花びらを煎じて飲んだり、気持ちを落ち着かせるために香気として身につけたりしたといわれる。

中学生が提案する町の活性化案でも、ハマナスを題材にしたプレゼンが目立った。15年度には、植えつけイベントや、ハマナスを使用したハーブティーやスイーツを販売した「ハマナスcafé」などが催された。こうした動きのなかから、オーガニックコスメの商品開発のアイデアが生まれてくるのである。

子どもから大人まで、オール浦幌の結晶

愛媛のオーガニックコスメ「ヤエトコ」(P.94)が評価され、その仕掛け人であるアルデバラン株式会社の暮部達夫社長がメンバーに加わり、プロジェクトが本格化したのは２０１７年のことだった。町側の担当者は、16年の春に大学を卒業してすぐに、地域おこし協力隊の隊員として浦幌町に移住した森健太さん。その後、地域商社を立ち上げ、

18年4月からオーガニックコスメ「rosa《ロサ》 rugosa《ルゴサ》」の販売を開始するわけだが、20代前半の若さで、馴染みのない土地で起業することに抵抗はなかったのだろうか。

「大学4年の9月、インターンをしていた会社の方に誘われて浦幌に来て、町の取り組みなどを学んでいました。そのときは浦幌に移住するなんて考えてもいませんでしたが、普通に就職したくなかったし、三重の生まれで、大学も京都で、関西を出たいと考えていたし、北海道へのあこがれもあったように思います。浦幌に来てハマナスの事業の担当になり、暮部さんともお話をしていたのですが、具体的なお話は、地域おこし協力隊の2年目を迎える少し前、近江正隆さん(株式会社ノースプロダクションの代表で、うらほろスタイル推進地域協議会のコーディネーターなどを歴任)からいただきました。会社をつくってからも不安というのはあって、ほんとうに腹をくくれたのは商品が完成してからのような気がします」

こうして誕生したロサ・ルゴサは、パッケージが印象的だ。これは、まちなか農園で栽培されるハマナスが大輪の花を咲かせた17年7月中旬、収穫に合わせて写生会を実施した際に、子どもたちが描いた作品がもとになっている。

開発の過程で活躍したのが、地元のお母さんたちだ。植樹や花摘みの手伝いに始まり、子育ての忙しい合間にミーティングに参加し、品質や香り、価格などを消費者の目線でチェックしては、暮部さんや森さんに意見をフィードバックした。商品が発売されると、今度はサポーターとして催事などに出向き、PRに励んだ。子どもから大人まで、ロサ・ルゴサはまさにオール浦幌の結晶だ。そして、このことは町への愛着をより強める機会になった、と森さんは言う。

「『こういうプロジェクトにかかわったからこそ、自分の町を説明できない、もっと町を知らなくてはならない、ということに気づいた』って、お母さんたちが言っていました。何人かのお母さんには東京のイベントに手伝いに来てもらったりするんですけど、家に帰ったら子どもたちに東京での出来事を聞かれるみたいで、その話をするようです。ロサ・ルゴサがきっかけとなって、地域を知る、仕事を知る、いい循環が生まれれば嬉しく思います」

social cosmetics

2

URAHORO
HOKKAIDO

ハマナスを写生する子どもたち

“おっぱい神社”の名で親しまれる乳神神社

商品開発ミーティング。左から森健太さん、アルデバラン株式会社の暮部達夫社長、地元のお母さんたち

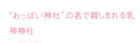

ハマナスの収穫の日

社会派化粧品

Products

ハンドクリーム

天然の保湿成分を凝縮し、つなぎたくなるなめらかな手元へ

ローション

瑞々しく、清々しく、バラの恵みが、肌と心を包み込む

ミルキーローション

軽やかなとろみが肌を覆い、内側からあふれる潤いを実現

セラム

華やかなバラと植物の香りが導く、しなやかでヘルシーな素肌

バーソープ

しっとりとした洗い心地で健康的な肌づくりをサポート

[問い合わせ先]
株式会社ciokay
〒089-5611 北海道十勝郡浦幌町字寿町7-1
TEL 015-578-7185
https://rosa-rugosa.jp

デザイン／北山瑠美

FERMENSTATION

ファーメンステーション

岩手県奥州市

酒井里奈さんは大学を卒業後、
金融業界に進むが、あるテレビ番組をきっかけに発酵の世界へ。
使われていなかった田んぼを起点に、
米エタノールを製造しコスメの原料に、
その過程で出る米もろみ粕は石鹸の原料や家畜の飼料に……
無から有を生む好循環をつくり出した。
そして今日も東京と奥州を行き来しながら、
体を動かし知恵を絞る。

金融業界から農業大学へ

日本は食料自給率が低いにもかかわらず、米に関しては余っているのが現状だ。2005年の『農林業センサス』によると、水田総面積の25%、51万ヘクタールの水田が休耕田にあたるという。そうした状況を憂い、奮闘する女性起業家がいる。

酒井里奈さんの経歴は異色といっていいだろう。国際基督教大学を卒業した酒井さんは、富士銀行(現みずほ銀行)、ドイツ証券など、金融畑を歩む。順風満帆なキャリアは、30歳のときにたまたま見たテレビ番組をきっかけに方向転換することになる。発酵技術を使って生ゴミをエタノールに変換することを紹介していたのだが、無益なものが有益になるプロセスに大いに興味を持った。そして会社を辞め、2005年、32歳で番組の舞台であった東京農業大学応用生物科学部醸造科学科へ入学する。

在学中に、大学と岩手県奥州市との共同研究事業に参加する機会を得た。そのテーマが、米からエタノールを生成することだった。ちなみにエタノールは、燃料、消毒剤、化粧品、食品添加物などのさまざまな用途に使われているが、一般的に流通しているのは、石油由来や、海外産のサトウキビやトウモロコシなどを発酵させたものだ。期限である3年を終えたとき、純度の高いエタノールの抽出に成功したのだが、コストが非常に高く、当初の目的の燃料としての利用は不可能だった。あきらめきれない酒井さんは、大学を卒業した2009年、株式会社ファーメンステーションを設立する。コストを考えると燃料としての開発はむずかしく、酒井さんが考案したのは香水や高級化粧品などの原料としての活用だった。しかし、賛同者を得られず、泣きながら訴えたこともあったが、彼女は自ら動く決意をする。オーガニックコスメの展示会に参加して情報を集めたり、メーカーにアポも取らずに試作品を持ち込んだり、ちょうどこの頃、アルデバラン株式会社の暮部達夫社長とも出会っている。13年にはプロジェクトを民営化し、エタノール製造事業を引き継ぎ、そして14年、ついに自身のブランド「FERMENSTATION《ファーメンステーション》」をデビューさせた。何が彼女をここまで突き動かすのだろうか。

「暮部さんが『売れる』って言ってくれたんですよ(笑)。なぜ、みんな気づかないんだろう、ってずっと思っていたから後押しになりました。米エタノールを嗅いでみてください。ほんのりとお酒の香りがしませんか？　普通のだとツーンとするんですけど、これはとてもマイルド。オーガニックだし、ほんとうにいいものなんです。あと今、日本の水田の1／3は休耕田か耕作放棄地か転作田なんです。日本人がお米を食べなくなったから、田んぼが余るようになりました。エタノール用の米は非食用なんですけど、それでもやっぱり農家さんはお米をつくりたいんです」

米から始まった好循環

休耕田、転作田を活用して栽培したオーガニック米は、発酵、蒸留することでエタノールになり、化粧品やアロマの原料に。同時に、生成の過程で出る米もろみ粕は石鹸の原料になり、家畜の飼料になった。米もろみ粕をエサにするニワトリの卵は臭みがなく、黄身が味わい深く、ケーキや洋菓子の商品化に結びついた。2018年には、米もろみ粕を与えて育てた雫石のジャージー牛のクラウドファウンディングに挑戦し、早々に目標金額に達した。ちなみに、エタノールや米もろみ粕は原料販売も行っている。

さらに、近年はこうした活動に注目が集まり、訪れる人が増えたので、ファーメンステーションをはじめ、ファーメンステーションの米を生産するアグリ笹森、養鶏農家、民泊をしている農家などと「マイムマイム奥州」というチームを結成し、ツアーやワークショップを企画、実施している。米エタノールを軸にした活動が呼び水となり、国内外から訪問者が増え、ファンになってもらい、また訪れてくれる。もともと未利用資源だった田んぼから好循環が生み出されている。

最後に、酒井さんにこれからの目標について聞いてみた。

「将来、欧米のメジャーなブランドのナチュラルコスメの原料に入っていいたい。ファーメンステーションのエタノールが入っているから買おう、というのが目標です。会社も大きくしたいし、どんどん海外にも出ていきたいと思っています」

social cosmetics

3

OSHU
IWATE

ファーメンステーションが使用する米は、奥州市胆沢区の「アグリ笹森」のメンバーがオーガニック、生物多様性に配慮してつくっている

秋、生産農家が収穫したばかりの米をチェックしているところ

米が発酵中。これは「もろみ」と呼ばれる

奥州市の休耕田から始まった地域循環型プロジェクトを営むチーム「マイムマイム奥州」。ツアーやワークショップを主催している。左から5番目が酒井里奈さん

社会派化粧品

Products

**お米でできた
エタノール**

岩手県奥州市のお米からつくったエタノール。ツンとしないやわらかな香りが特徴

**お米でできたアウトドア
スプレー レモングラス**

お米でできたエタノールに新潟の杉蒸留水、ヒマラヤの香り高い精油を配合した虫よけスプレー。レモングラスで爽やかにリフレッシュ

**お米でできたアウトドア
スプレー パルマローザ**

お米でできたエタノールに新潟の杉蒸留水、ヒマラヤの香り高い精油を配合した虫よけスプレー。気品あるパルマローザが華やかに香る

**奥州サボン
プレミアム**

玄米を発酵させた米もろみ粕に、米ぬか油、茶実油、ホホバオイル、椿油、アルガンオイルなどを配合した洗顔石鹸

**奥州サボン リッチ
〈しっとりタイプ〉**（左）

米もろみ粕にホホバ油、アルガンオイル、ザクロ種子油、ツバキ油などの保湿成分をプラス。しっとり洗える無添加の洗顔石鹸

**奥州サボン ナチュラル
〈さっぱりタイプ〉**（右）

米もろみ粕に米ぬか油、茶実油、ホホバオイルなどを配合。家族みんなで使える無添加の洗顔石鹸

［ 問い合わせ先 ］
株式会社ファーメンステーション
〒029-4204 岩手県奥州市前沢本杉141-1（奥州ラボ）
TEL 0197-47-5917
http://www.fermenstation.jp

デザイン／ AKI TOMURA

明日 わたしは柿の木にのぼる

福島県伊達郡国見町

お気に入りの旅先は、いつしか起業の地となった。
特産のあんぽ柿に使用する柿の特性に着目し、
女性のためのコスメをつくることを決意。
「明日 わたしは柿の木にのぼる」
ユニークなネーミングには、
信念を持って堂々と生きてほしい、
という女性たちへのエールが込められている。

福島の果物の可能性

東京に生まれ育った小林味愛さんと、創業地に選んだ福島との関係は、最初はお気に入りの旅行先という緩やかな縁から始まった。東日本大震災のときは国家公務員だったが、その後、株式会社日本総合研究所に転職する。それから、復興関連の仕事を担当するようになり、福島で働く機会が増え、結びつきを強めた。そして２０１７年８月、福島県伊達郡国見町で株式会社陽と人《ひとびと》を創業するにいたる。着目したのが、国見町が位置する県北の基幹産業である農業だった。

県北の特産品として、桃、柿、リンゴなどが挙げられるが、それらのなかには破棄されたり、かたちが不揃いなどの理由から規格外品として価格がつかなかったりするものが生まれてしまう。小林さんはそれらを買い取り、東京の店などに卸し始めた。そのクオリティの高さゆえによく売れた。次に目をつけたのが、地域のことを伝える６次化商品、オーガニックコスメのプロデュースだ。

女性の秘めた部分にこそケアを

岩手のファーメンステーション(P.28)の酒井里奈さんからアルデバラン株式会社の暮部達夫社長を紹介され、プロジェクトは始まった。原材料には、干し柿の一種であるあんぽ柿をつくる工程で出る柿の皮や、採取しきれない柿を選んだ。柿の皮に含まれる消臭効果に着目し、国産ではめずらしい女性のデリケートゾーンのケアに特化したコスメを目指すことになった。クリエイティブのパートナーは、アートディレクター、デザイナーの北山瑠美さんが努める。

町村単位での生産量が全国一を誇る国見町の名産品である桃。今後、コスメになる可能性を秘めている

国見町の景色

「まず、〝小林さんらしさ〟をキーワードにして書き出して、美しさやしなやかさと、逆に秘めた部分の表裏を持たれているように感じました。そうした女性の複雑な心模様をネーミングやデザインで表現したいと思います」（北山さん）

ネーミングは、「そそ（楚々）」と「明日わたしは柿の木にのぼる」の二つの案に絞られた。前者は、「清らかで美しいさま」の意味と、京ことばで「おそそ」が女性器の俗語であるのをかけている。後者は、日本の女性にとってハードルが高いように思われているデリケートゾーンのケアは大人になるための儀式である、そうした女性の芯の強さ、決意のようなイメージを持たせている。そして最終的に、後者に決定した。

「デリケートゾーンケアは、ヨーロッパでは化粧水や乳液なんかと一緒に並んでいるんです。でも、日本だとぜんぜん聞きません。健康やホルモンバランスなどの面からも、ほんとうは女性が一番手入れをすべきところ。だからこそ、安心して使える商品を売っていきたい」（小林さん）

最初のコレクションは、泡ソープ、消臭ミスト、オイルの3点を開発する予定。2019年秋の「ジャパンメイド・ビューティー アワード」を目標に製品化を目指す。

社会派化粧品
Products が 生まれるまで

ブランドイメージワード

しなやか 深み 清楚 清らか 優しさ
気品 スタイル かわいい
可憐 恥じらい 丁寧
そのまま 仕草
心 自分らしさ 華やか きれい
優雅
印象 素直 満ち引き 芯
豊かさ
美しさ グラデーション 秘めたもの
ふるまい 波
慎ましさ 秘めたもの 清潔感
安定
香り 母 素敵 色
身のこなし たたずまい ゆとり 凛とする

まずは、"小林さんらしさ"をキーワードにして書き出す

ブランドネーミング

何も気にしないで木に登る
おてんばだって言われても
それがわたしだから
登った先の景色が見たいから

スカートだって気にしない
女の子なのにって言われても
それがわたしだから
風や木や陽の光に触れていたいから

明日もわたしは木にのぼる

明日わたしは柿の木にのぼる

ブランドのネーミングを決定していく作業

A案_パッケージ

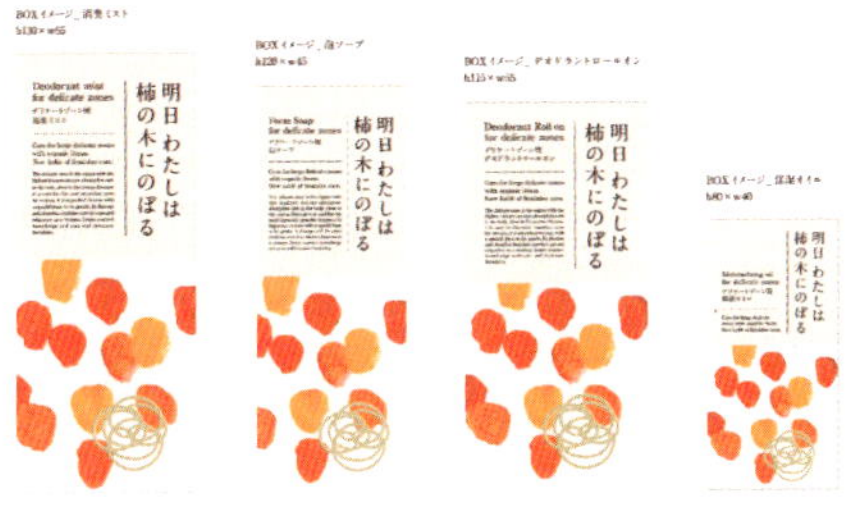

パッケージデザイン案

［ 問い合わせ先 ］
株式会社陽と人
〒969-1721 福島県伊達郡国見町川内字小又62
http://hito-bito.jp

デザイン／北山瑠美

sorashi-do

ソラシード

新潟県阿賀野市

企業の下請けではない、施設の顔が見えるものを。

その一途な思いから走り出した、

リネンウォーターのプロジェクト。

商品は反響を呼び、

今ではOEMを手がけるまでになった。

人のつながりが感じられる社会の実現のために、

今日もまっすぐに走り続ける。

自閉症の女の子との出会いから

新潟大学教育学部では、小学校教員と養護学校教員の養成課程を専攻した。児童福祉や家族問題、不登校などについて学びたいと思ったからだ。3年生のとき、大学付属の養護学校で知的障害の生徒たちと過ごす実習があり、重度の自閉の女の子を担当し、知恵熱が出るほど全力で向き合った。この経験から、卒業後は福祉施設で働こうと決めた。

「将来を本気で考えたり、一緒に喜んだり、全力で悩んだり……。とても充実した時間でした。私がおばあちゃんになった頃、障がい者と働いたり、過ごしたりできたら幸せだろうな、って思えたんです」

4年生から2年間は、週に3〜4日、ゼミの先生に紹介された中学校のスクールカウンセラーとして働いた。それから、ある福祉施設から声がかかり、働き始めた。念願の仕事だった。ところが、喜びもつかの間、その作業所が運営のトラブルから閉所してしまう。行き場を失った14名の利用者の受け皿をつくるために、奔走する日々が続いた。そしてようやく、福祉作業所あおぞらを設立するにいたったのだが、それから半年後、再び予想外の展開が待っていた。保護者と意見が合わず、10名が辞めてしまったのだ。そこから、「就労支援を目的とした施設」という特徴を明確に打ち出すようにした。

以上は、特定非営利活動法人あおぞらの理事長および統括施設長の本多佳美さんの20代の頃の話である。今もなお40代前半と若いのだが、どこか悠然としているように見えるのは、前理事長の故近藤康市さんとともに、さまざまな困難を乗り越えてきたからだろう。障がいのある方たちと働く喜びやむずかしさについて尋ねた。

「喜びはたくさん。やりがいのある仕事をつくり、それがうまくマッチングして利用者が成長したり、そのことで誰かに褒められたりするのはとても嬉しいです。むずかしさは、利用者はそれぞれに障がいの種類も程度も成育歴も違うということです。だから、一人ひとりにあった支援や将来設計について、俯瞰した判断をすることが重要です。そのために、職員間の連携を密にすること、広い視野で考えること、自分の感情を入れないこと、常にフラットな状態でいること、氷山の下を想像すること、継続できるように工夫することなどを心がけています」

social cosmetics

5

AGANO
NIIGATA

「楽しく働き、楽しく暮らそう」があおぞらソラシードのモットー。こちらは農園事業部の様子

化粧品事業。越後杉を蒸留するところから、充填するまでの様子

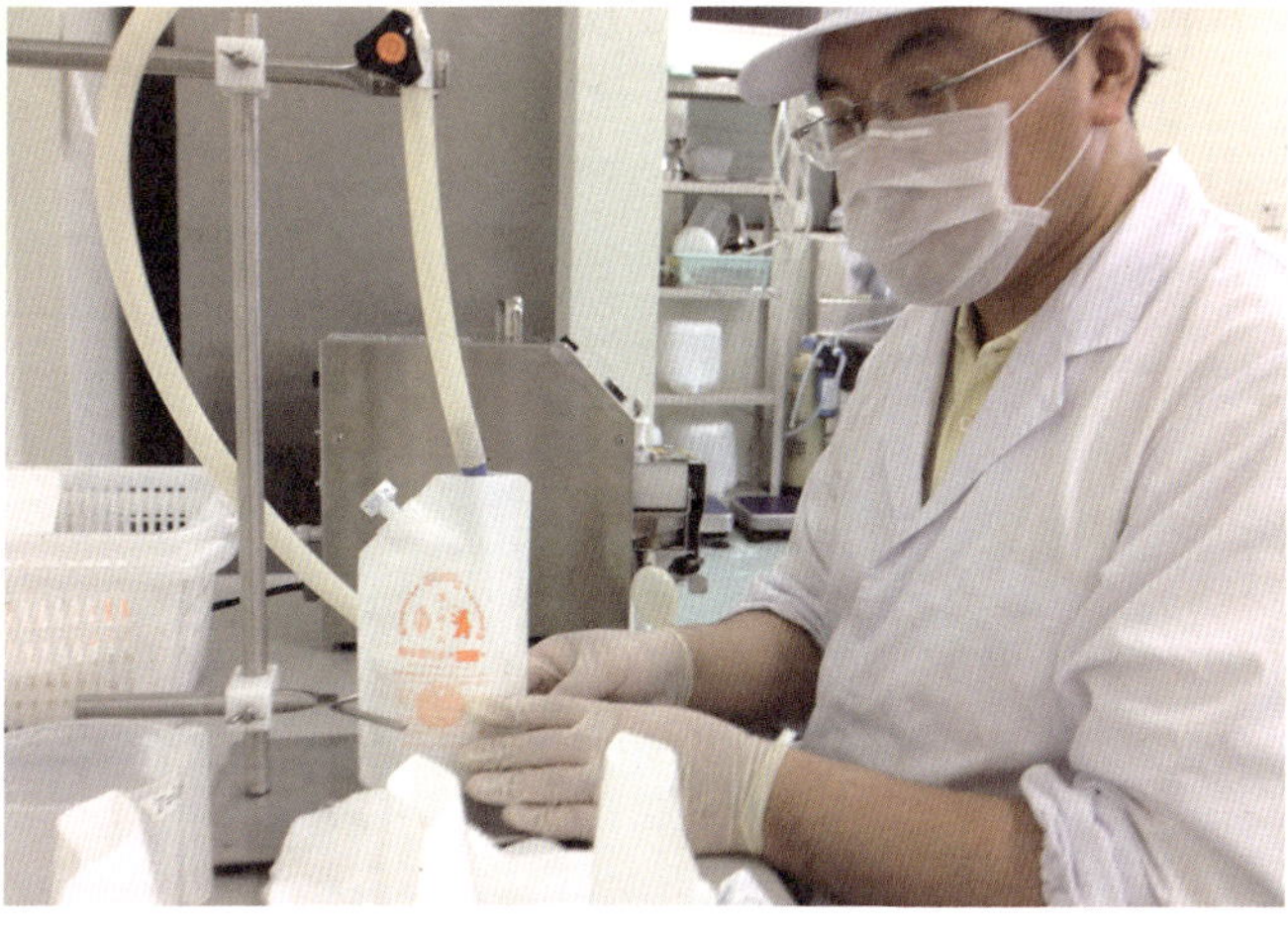

施設の顔が見えるリネンウォーターの誕生

特定非営利活動法人あおぞらは、屋号を「あおぞらポコレーション」という。ポコレーションとは、poco(ちょっとずつ・ゆっくりと)に、relation(つながり)をつなげた造語だ。誰もがおたがいを認め合い、幸せに暮らせる、青空のようにボーダーのない社会へ向けて、ちょっとずつ、ゆっくりと、つながりを広げていきたい、という願いが込められている。そのために、障がい者と一緒に、事業活動を通して喜びのある暮らしをつくり、地域社会に貢献することを大切に考え、木工、農園、自然養鶏、ペレットストーブ、各種作業請負、共同受注システムの開発などを手がけてきた。かつては、企業の下請けの仕事がほとんどだったが、そこから施設の色を出す仕事への転換となったのが、リネンウォーターだった。

2011年、本多さんは知人とともに、仕事で新潟に来ていた株式会社クレコスの暮部達夫さんを訪ねた。何かビジネスのヒントを得られれば、という思いから、木工の作業所で出た杉の端材を持参し、石鹸箱をつくることを提案した。それに対して、暮部さんの答えは、杉を蒸留してリネンウォーターをつくることだった。クレコスは自然の植物を蒸留する技術を持っており、杉の香りや抗菌力はリネンウォーターに適していると考えたのだ。

実験の結果、手ごたえを感じると、本多さんは早くも自前の蒸留機を購入し、工場を建てるための手配を開始。12年4月に、あおぞらソラシードを開所する。「空、シード(種)、ド(土)、DO(動く)などの言葉から連想して名づけました。ソ・ラ・シ・ドって音階が上がっていくように、成長していけたら」と本多さんは語る。ただ、メーカーとしての経験は皆無のため、製造面などは暮部さんが全面的にバックアップした。ブランディングやデザインなどのクリエイティブに関しては、本多さんの旧知の間柄でもある地元のデザイナー、迫一成さん(P.46)に依頼することに。スタッフたちによるブレーンストーミングを繰り返し、そのキーワードを迫さんが拾い上げ、ロゴやネーミングなどを決定していった。

そして、2013年2月、地元の越後杉の香りと、愛媛の無茶々園(P.94)の甘夏の香りの2種類のリネンウォーター「熊と森の水」が発表された。企業の陰に隠れる下請けではない、障がい者施設でつくったことを堂々と謳ったり

地元の越後杉。

豊かな自然が広がる新潟県阿賀野市に、あおぞらソラシードはある

ネンウォーターは雑誌などにも取り上げられ、大きな話題を呼んだ。現在では、自分たちの商品のラインナップを広げつつ、他のブランドのOEMを手がけるまでになった。

人のつながりが感じられる社会に

その後も、天然温泉「熊と森の湯」や、チョコレートショップ「久遠チョコレート新潟」をオープンするなど、本多さんの行動力、実行力には驚かされる。そして、その頑張る様子や人柄が、周囲の人々を惹きつけ、味方に取り込んでしまうのだろう。最後に、理事長として、そして本多さんが個人として描く理想の未来について聞いてみた。

「今のあおぞらは、『働く場』が中心となっていますが、『働く場』『暮らす場』『遊ぶ場』の3つをつくることが目指すところです。そして個人的には、孤独を感じなくてもいい社会、人のつながりが感じられる社会になってほしいと思っています。夢もあって…、シェアハウスをつくりたいんです。障がいのあるなしも関係なく、大人も子どもも集える場、血のつながりがなくても家族のように過ごせる場を」

社会派化粧品
Products

熊と森の水
（天然リネンウォーター）
アマナツ

天然杉を水蒸気蒸留した杉水に、天然緑茶と天然ヒバをブレンドしたリネンウォーター。甘夏精油と蒸留水を使い、柑橘のすっきりとした香りに

熊と森の水
（天然リネンウォーター）
スギ

地元・越後杉のおが粉を原料につくったリネン用のアロマミスト。静菌作用があるといわれる緑茶とグレープフルーツ種子、森の香りに近づけるためにヒバ水をプラス

ソーバスバーム

植物成分のレモングラス・ペパーミント・ユーカリなどの精油に加え、新潟産の越後杉を水蒸気蒸留した水を使用。日焼けした肌や、リップクリームとしても

ソーバスミスト

植物成分のレモングラス・ペパーミント・ユーカリなどの精油に加え、新潟産の越後杉を水蒸気蒸留した水を使用。肌がベトベトせず、さわやかな香りとしっとり感が持続

［ 問い合わせ先 ］
あおぞらソラシード
〒959-1924 新潟県阿賀野市畑江75
TEL 0250-47-7152
http://aopoco.com

デザイン／迫一成（hickory03travelers）
http://www.h03tr.com

地方だからできるデザイン、もの・ことづくりのこと

インタビュー ― ヒッコリースリートラベラーズ 迫一成さん

新潟を拠点に、さまざまなものやことをクリエイトする集団「ヒッコリースリートラベラーズ」。「日常を楽しもう」をコンセプトに、オリジナルのTシャツや雑貨から、老舗の店舗や伝統工芸品とのコラボ、オーガニックコスメのブランディング、まちづくりまでを手がけています。地方だからできることについて、代表の迫一成さんにお聞きしました。

●福岡のご出身とのことですが、なぜ新潟へ？

社会学、心理学などに興味があって。学べる学部が新潟大学にあったんです。また、在学中、週末になると夜行バスに乗って、東京のパレットクラブの絵本コースに通っていました。小学生の頃に絵を習っていたんですけど、絵本を描きたくて。

●卒業後も新潟を拠点にしたのはなぜですか？

福岡は地元ですけど、4年も離れているから事情がわからないし、東京には自分がやりたいことをしている人がいるだろうし。それなら、土地勘のある新潟でやってみよう、と思いました。

●それで、2001年に「ヒッコリースリートラベラーズ」を結成されるわけですね。

イラストを描いて、シルクスクリーンでTシャツにプリントする、ということを始めました。そのうち、地下街にチャレンジショップができるという情報を聞いて、パレットクラブで出会った友人と大学の先輩の3人で、「ヒッコリースリートラベラーズ」を結成し、出店しました。そ

したら、当初思っていたよりもよく売れて。販売だけでなく、いろいろなことを発信できるし、お店っておもしろい、って気づいたんです。それから貯金をして、地上へ出よう、と。

● それから、上古町商店街へ。

2003年ですね。ちょうど今の店の向かいのあたりです。当時は、まだ古町一番町〜四番町に分かれていましたが、一つのエリアとして何かをしようと考えていた時期でした。勉強会や会議に参加したり、頼まれてもいないのにロゴや地図新聞などを作ったりして提案していました。

● 店づくりからまちづくりへ。そして、2006年に上古町の名前になり、商店街振興組合が結成されると27歳の若さで理事に就任されます。

まちづくりをしてやろう、と思ったことはないのですが、視察に行ったり、旅したりするとき、町の見方は変わりましたね。これはうちでも取り入れられるかも、とか。大学で学んだ社会学も役立ったように思います。商店街を拠点に自分たちを表現したい、という気持ちが強くなっていきました。そんなある日、向かいの酒屋さんが閉店することを知り、古くて味のある建物がいずれ取り壊されることがもったいないと思って、自分で借り上げて、イベントスペースとして再活用することにしたんです。カルチャー教室や音楽ライブ、トークイベントなど、多くのイベントを開催しました。アーケードの改修なども行ったことで、どんどん人が集まるようになり、空き店舗率も2006年には35％もあったのに、今では3％になったんです。

●その建物が今の店舗ですよね？

はい。4年ほど経った頃、2010年です。ある不動産屋が家主のおばあちゃんと勝手に話をつけ、「壊すから出て行け」というようなことを言ってきて。阻止するには自分が取得するしかない、という状況になりました。大きな買いものですからものすごく悩みましたけど、テナントにも入ってもらうことにして、銀行から借り入れをして、購入しました。この機会に、イベントスペースをやめて、店もこちらに移転しました。

●ちょうど、ブランディングやデザイン、商品開発の仕事が多くなっていく時期のように思うのですが、「ソラシード」(P.38)の仕事もこの頃ですか？

本多(佳美)さんとはもともと知り合いだったのですが、(アルデバラン株式会社代表取締役社長の)暮部さんと一緒に相談に来られたんです。2011年だったと思います。暮部さんが、うちが手がけたコシヒカリを伝統的な手ぬぐいで包む「にいがた(新潟)のおむすび」を見たことがあったみたいです。

●「リネンウォーター」が最初ですよね。どのように進めていったのですか？

あおぞらの事務所を訪れ、競合商品をチェックしながら、自分たちの施設の強みやらしさは何なのか、何のためにつくるのか、などを詰めていきました。デザインとしては、素朴さや元気さが伝わるようなものに。ロゴの右のクマはスタッフたちのアクティブな姿、左のブナは水を吸収して大きく成長するという可能性をあらわしています。商品名については、最初は「熊とブナの水」でしたが、熊がブナを荒らすことから、「熊と森の水」に変更しました。

●次が、「ヤエトコ」(P.94)ですよね。

みんなで、家族で使える、「家族化粧品」というのがテーマでした。親しみやすさや懐かしさを大事に、地域のお祭りのかけ声をそのまま商品名にしました。黄色は無茶々園が栽培する柑橘の色であり、家族を表現するのにいい色だと思いました。

●学生の頃からのすべての活動がつながり、実を結んでいるような気がしますね。

まだ、絵本は描けていませんけど（笑）、いつかは。

あおぞらソラシードのリネンウォーター「熊と森の水」（右）と「あおぞらペレット」（左）

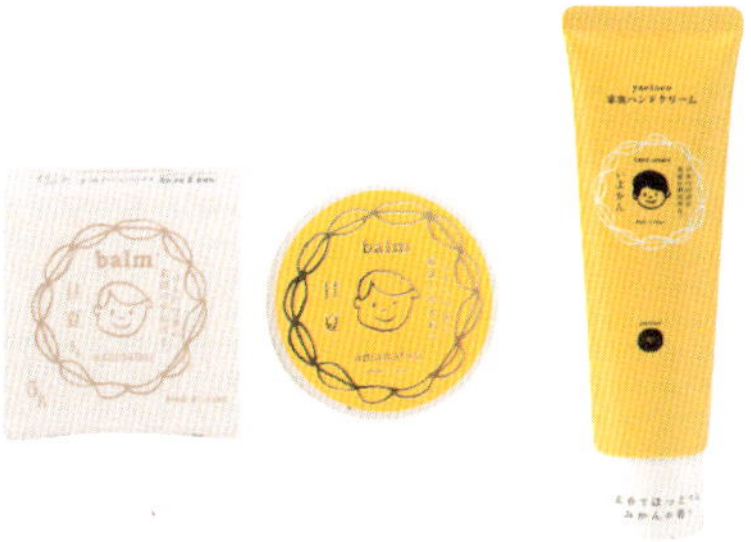

無茶々園のコスメブランド「ヤエトコ」

迫 一成　さこ かずなり

合同会社アレコレ代表。上古町商店街副理事長。長岡造形大学非常勤講師。1978年、福岡県生まれ。新潟大学人文学部卒業。上古町商店街にショップ「ヒッコリースリートラベラーズ」を運営。コスメ「ソラシード」「ヤエトコ」、お菓子「浮き星」、砂時計「すなだときお」など、ユニークな商品開発、ブランディングも手がける。http://enjoy-nichijo.com

NEROLILA Botanica

ネロリラ　ボタニカ

東京都港区

「キレイ」を追求する二人が出会い、
日本の地方をめぐる旅へ。
奈良の水や茶葉、愛媛や佐賀の果実…
それぞれの土地の恵みを凝縮させて、
「ネロリラ ボタニカ」は誕生。
「ジャパニーズネロリ」とは、日本のミカン科の花から得られる精油のこと。
二人はジャパニーズネロリを求めて、
毎年5月上旬、唐津を訪れては、
ミカンの花摘みを楽しんでいるそう。

原料を求めて全国へ

株式会社ビーバイ・イー代表の杉谷恵美さんと、メイクアップアーティストの早坂香須子さんが出会ったのは、早坂さんの著書『YOU ARE SO BEAUTIFUL ～最高の私に出会う7日間～』が出版されてまもない2014年の年の瀬のことだった。「ママバター」「リンレン」などのナチュラルコスメブランドを展開していた杉谷さんは、今の自分がほんとうに使いたい新たなブランドの立ち上げを考えていた頃で、同著のキッチンコスメ(手づくりコスメ)のページを読み、共感したという。一方、早坂さんも20代からオーガニックコスメを愛用し、優しいだけではない植物のパワーを体感していたが、海外へ行くことが多かったこともあり、日本のものという意識がなかったそうだ。そんな二人が意気投合し、プロジェクトがスタートするまでに時間はかからなかった。そして、開発のパートナーに選んだのが、アルデバラン株式会社の暮部達夫社長だった。三者はまず、暮部さんのリードで素材を探すことから始まった。

早坂さんには、「いい水、いい油、いい泥があれば、人はキレイになれる」という信念があった。そこで向かったのが、暮部さんの地元の奈良県。大峰山の麓の天河神社では、五代松鍾乳洞から湧き出る「ごろごろ水」に出会う。弱アルカリ性でミネラルが豊富、肌への吸収力が高いのが特徴だ。さらに、大和高原では1200年前と同じ方法でお茶をつくり続ける「健一自然農園」の茶葉、茶花を知る。自然農法(一切の農薬、肥料を用いず、次世代により美しい土壌と環境をつないでいく調和の栽培法)によってつくられた大和茶は豊かな香りがする。また、愛媛県の無茶々園では、破棄された甘夏の果皮や、宇和海で育まれた真珠から美容成分を抽出した。

年に5日だけ咲くミカンの花から

次の目的地となったのが、佐賀県唐津市だった。開発の最中の2016年、唐津ではジャパン・コスメティックセンター(JCC)の主導のもと、耕作放棄地の再生、地域活性化などを目的に試験圃場「Toco Waka Farm」が始動。早坂さん、杉谷さんをはじめ、ビーバイ・イーのスタッフも参加し、荒れ果てたミカン畑で野生化していた温州ミカ

杉谷恵美さん

早坂香須子さん

日本名水百選に選ばれた「ごろごろ水」

ンの有効利用に取り組み、花から芳香成分（花水）を採取、山口産の夏ミカンから抽出した成分（花水・花油）と合わせて、心澄み渡る晴れやかな香りを生み出した。そして、「ジャパニーズネロリ」と独自に定義した。ネロリとは、ミカン科の植物であるビターオレンジの花から得られる精油のことで、アンチエイジングに効果的で、女性の不安を和らげてくれるという。ちなみに、ミカンの花は年に5月上旬の5日程度しか咲かず、毎年この時期になると訪れて地元のみなさんと収穫を楽しむそうだ。

２０１６年10月、新しいブランドは船出を迎えた。最初のラインナップは早坂さんが考えるキレイに必要な３つの要素、水「ブルーミングシャワー（全身化粧水）」、油「インテンシブ　ビューティーセラム（2層式美容液）」、泥「アースマスク（クレイマスク）」の3種類のみ。杉谷さんは言う。

「どれだけ時間がかかっても、自分たちが納得するまで発売することはできませんでした。今はようやく目元用クリームが加わりましたが、これからも納得できるものだけを一つずつ増やしていきたいです。そして、オーガニックコスメでは『何を伝えたいか？』が重要なので、お客様にていねいにお伝えしていきたいと思っています」

社会派化粧品

Products

インテンシブ
ビューティーセラム
（2層式美容液）

化粧水とオイルを手のひらで混ぜあわせる、早坂香須子のビューティーメソッドを一本で実現した2層式美容液

アースマスク
（クレイマスク）

「肌浄化」を追求したクレイマスク。主成分は沖縄県産の海底泥「クチャ（海シルト）」、九州シラス台地の「シリカ」。さらに、余分な皮脂汚れをオフする竹炭も配合

ブルーミングシャワー
（全身化粧水）

ミネラルを豊富に含んで湧き出る奈良県天川村の天然水「ごろごろ水」をベースに、ジャパニーズネロリ、ダマスクローズ、アロエベラエキスなどを配合

トリプルブルー
コンセントレイト
（目元用クリーム）

美しい女性の目元の肌に必要なものを。自然界から集めたブルーのエッセンスが、繊細なアイエリアにハリと潤い、輝きをもたらす

［ 問い合わせ先 ］
株式会社ビーバイ・イー
〒107-0062 東京都港区南青山4-12-1 フェリズ南青山201
TEL 03-6804-6530
https://www.bxe.co.jp

デザイン／福岡南央子（woolen）
http://woolen2010.tumblr.com

地方の魅力を再発見
コスメ版「ディスカバー・ジャパン」
インタビュー対談 ― 早坂香須子さん × 杉谷惠美さん

メイクアップアーティストと、ナチュラルコスメブランドとオーガニックアロマスパのオーナーという立場から、長年、オーガニックコスメに携わってこられた早坂香須子さんと杉谷惠美さん。地方とかかわり始めたきっかけから、地方が持つ魅力、これからの地方のことなどについてお聞きしました。

● まずは杉谷さんに。起業のきっかけについて教えてください。

杉谷（以下・杉） 大学を卒業後、女性誌のライターとして編集の仕事に携わっていました。とてもハードワークで、24歳のときに体調を崩し、子宮内膜症と診断されたんです。仕事を辞めて治療に専念したのですが、今度は副作用から成人性アトピーに悩まされました。それからは西洋医学以外のアプローチを試み、植物療法や漢方を勉強し、取り入れることで徐々に体調が回復していくのを実感しました。「自分と同じような症状に悩む人たちに植物の良さを伝えたい」というのが起業のきっかけでした。

● 2004年にビーバイ・イーを設立。いつ頃から地方とかかわり始められたのですか？

杉 2009年9月に発売を開始した「リンレン」の開発からだったと思います。弊社の役員をしていただいていて、リンレンの名づけ親でもある藤巻幸夫さん（2014年没）に高知へ連れて行ってもらったんです。高知は柚子の生産量が日本一で、そのなかでも北川村は有数の産地で知られますが、需要があるにもかかわらず、村の人口減と農家の高齢化、そして後継者不足により生産量の維持が困難な状況にありました。藤巻さんがずっと言っていたんです。「地方を元気にしないといけない」と。

● 具体的に聞かせてください。

杉 捨てられた皮、って聞くと、ネガティブにとらえる方が多いかもしれませんが、それをポジティブに変換しました。収穫後の柚子は搾汁され、果汁は食用に。搾汁後の果皮は、普通ならそのまま破棄されま

早坂香須子 はやさか かずこ（右）

ビューティディレクター。メイクアップアーティスト。看護師として大学病院に勤務後、アシスタントを経て1999年に独立。近年はメイクにとどまらず、オーガニックプロダクトの監修やトークショーをはじめ、精力的に活動。著書に『100% Beauty Note 早坂香須子の美容A to Z』など

すが、再利用して、無駄なく循環できる特殊な蒸留法により精油を抽出しました。さらに、精油を抽出した後の果皮の残滓は堆肥化され、土に戻り作物を育てる…という再循環を可能にしたんです。

● **発売後はベストセラーになりましたよね。**

杉 おかげさまで、リンレンはこれまでに累計で約９００万本が売れる人気商品となりました。柚子をたくさん使うことができて、ほんとうによかったと思っています。以降は、地方とより積極的にかかわるようになり、島根の薔薇や、北海道のミントなどを使うようになりました。私は、商品には、「歴史」「哲学」「物語」があることが大事だと思っているんですが、日本の地方にはすべてあるんです。

● **その地方での経験が、「ネロリラ ボタニカ」につながっているわけですね。**

早坂（以下・早） このプロジェクトにより、日本の豊かさをあらためて感じています。日本各地で出会う人々のおかげで、私の人生もより豊かになりました。

● **メイクアップ・アーティストという仕事柄、国内外の多くのコスメを使ってこられたと思いますがどうしてそこまで地方に惹かれたのでしょうか？**

早 私が20代の頃は、オーガニックコスメといえば海外発信のものが主流で、旅先のナチュラルストアで長い時間を過ごし、目や感覚を肥やしてきましたが、日本の産地を訪れるようになり、日本の四季の美しさに何度も感動を覚えました。子供の頃に感じていた美しい自然を守りたい、そう思うきっかけになりました。日本の土壌で育った素材でコスメをつくり、使うたびに肌が綺麗になり、植物の香りで癒され、また土を守る生産者のみなさんに還元する。ものづくりを通して、その大きな循環にかかわることができ、とても幸せです。

杉谷恵美 すぎたに えみ（左）

株式会社ビーバイ・イー代表。2004年設立。06年、オーガニックアロマスパ「シンシア・ガーデン」をオープン。「ママバター」「リンレン」、そして、16年から「ネロリラ ボタニカ」など、多くのナチュラルコスメブランドを展開している。https://www.bxe.co.jp

amritara

アムリターラ

東京都目黒区

グラフィックデザイナー、演劇女優、モデル…
若い頃は無茶をして病気にもなった。
遠まわりに思えた人生は、実は、
この一点につながっていたのかもしれない。
さまざまな苦労を乗り越え、アムリターラを創業。
社名に含まれるアムリタとは、
インド神話に登場する不老不死の薬の名前。
永遠の美を目指して、今日も地方を駆けめぐる。

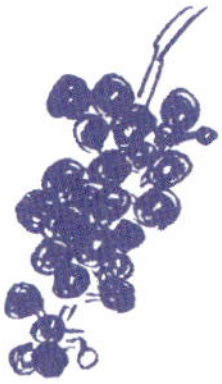

無添加ではなくオーガニック

株式会社アムリターラの代表、勝田小百合さんの半生の話は波乱万丈の舞台の脚本のようだ。つらい出来事もあるのだが、まるでコメディエンヌのように話すから、こちらまでつられて笑ってしまう。さすがは大阪人というべきか、それよりも、若い頃に劇団に属していたからなのか。

大阪で生まれ育った勝田さんは、京都の嵯峨美術短期大学で油絵を学ぶかたわら、演劇にものめり込む。卒業後は演劇を続けながら、グラフィックデザイナー、モデルなどの仕事をし、忙しく充実した日々を過ごしていた。

コスメに興味を持ったのは20代前半、モデルの仕事がきっかけだった。無添加コスメのブランドのオーディションを受けたことで化粧品の成分に興味を持つようになり、以降は表示指定成分(人によってはアレルギーや肌荒れを起こす可能性があると国が定めた103種類の成分)を含まない「無添加」のコスメを使うようになった。しかし、2001年に化粧品の全成分の表記が義務づけられるようになり愕然とする。表示指定成分以外も重要ではないか、と。それ以来、成分事典を片手にコスメのラベルとにらめっこする日々が始まる。そして次第に、無添加ではなく「オーガニック」のコスメを選ぶようになっていった。

1996年にはパニック障害に悩まされたが、食事療法やハーブなどの植物の力、カイロプラクティックの施術で完治したことに感動し、2000年よりカイロプラクターの道を歩み始める。「実は私、ノストラダムスの大予言を信じていたので、この年の自分のことを考えていなかったのに」と笑う。そしてこの頃、自分の写真を見てはじめて初期老化の兆しを感じた。少女をモチーフに絵を描いたり、演劇でも少女を演じたりすることが多かったという勝田さんは、深層心理として老いることに大きな抵抗があり、不老不死になれないか、ということを真面目に考え始める。

アトピー、アレルギー、乾燥肌、敏感肌、冷え性、不妊、婦人科系の症状など、さまざまな悩みを抱える方たちと向き合いながら、2005年にはブログ『アンチエイジングの鬼』をスタート。顔出しで、美容やコスメについて赤裸々に語るブログは大きな反響を呼び、勝田さんが紹介するものはよく売れ、書籍にもなった。「美魔女」という言葉がなかった時代、その先駆け的存在だった。さらに、カイロプラクティックの患者の一人から、「起業するから、先生の

農薬や肥料を使用しない自然栽培の田園を少しでも増やしていきたいという思いから、九州（大分県、熊本県）に、
休耕田などを利用した「アムリターラ農園」をつくり、米やハーブの栽培を行っている

ハマナスを摘む勝田小百合さん

化粧品を出したい。ぜひ真実の化粧品をつくってください」という申し出があり、やがてオーガニックコスメの開発につながり、そして大ヒットを記録した。(ちなみに、製造を請け負った静岡の製造所は、勝田さんとの出会いを機に、オーガニックコスメに力を入れ始め、後に日本初のエコサート認定工場になった)しかし、人気が出るほどに妬まれるようにもなり、ついには解散に追い込まれてしまう。コスメ業界に勝田さんの居場所はないように思われた。

「最後通告の電話を受け、悔しくて、新宿の雑踏の中、電信柱に手をついて号泣したことを今でも思い出します(笑)」と当時を振り返るが、勝田さんはこんなことでは死ななかった。工場や容器メーカー、仲間たちの支援を受け、自身が社長に就任し、メーカーを立ち上げる決意をする。こうして2008年7月、国産オーガニックコスメブランド、アムリターラを創業した。社名に含まれるアムリタ(amrita)とは、インド神話に登場する不老不死の薬の名前だ。

地方は宝の山

アムリターラは世界中から厳選した原料を使用するが、創業時から日本の地方に注目してきた。ブランドを立ち上げた頃は、日本に国産のオーガニックコスメがほとんどなかったため、原料を確保するのが大変だったが、大分県旧中津江村の柚子、宮崎県諸塚村のニホンミツバチのハチミツ、佐賀のレモン、ニガヨモギ、島根の薔薇「さ姫」、愛媛の甘夏、岩手の山ブドウ、北海道の紫根やハマナスなど、全国をめぐっては地元農家の方々と信頼関係を築き、100%農薬不使用の原料を確保した。次に、それらのいい素材を一番いい状態で届けるために、非加熱や防腐剤不使用などを追求し、コスメやフードのプロデュースを手がけてきた。たとえば、さ姫が口紅やお茶に、山ブドウが化粧水やジュースになるなど、同じ素材からコスメとフードが生まれることもしばしばだ。さらに今では、大分や熊本の休耕田を活用して自社農園「アムリターラ農園」をつくり、種を蒔き、米やハーブ、スーパーフードとして話題のモリンガの栽培をするまでに。これらの活動は、地方の人たちに自分たちがいる場所の価値を再認識してもらう機会にもなった。勝田さんは言う。

「地方は宝の山。生産者の思いやストーリーを含めて、私たちの製品を買ってほしいと思っています」

社会派化粧品
Products

ジャパニーズ
ワイルドグレープ
ローサップウォーター

岩手県で栽培された日本山ブドウの樹液でできた化粧水。肌につけると吸い込まれるように浸透し、内側から自然に潤うかのようにモチモチの肌に

フローラル
デューアップ セラム

北海道産のオーガニックのハマナスなどや、沖縄のオーガニックのアロエベラの蒸留生体水を使用した浸透性に優れた美容液

エイジソリューション
クリーム

水分のほとんどに白樺の樹液を使用し、さらに国産無農薬の和ハーブであるニガヨモギ、桑の葉、ドクダミ、柿の葉などを贅沢に配合したクリーム

ローズアミュレット
ルージュ

島根県出雲地方産のオーガニックローズ(さ姫)と天然ミネラルで彩った口紅。オーガニックオイルとミツロウを使うことで、しっとり艶やかな仕上がりに

出雲の薫り薔薇茶
さ姫

島根県出雲地方で農薬を使わずに露地栽培した、薫りの薔薇「さ姫」のお茶。ポリフェノールによる深紅の見た目通りの深いアロマが特徴

ジャパニーズ
ワイルドグレープ
ビューティー＆エナジー

岩手県で栽培された日本山ブドウの果実でできたドリンク。3年以上の年月をかけて完成した熟成果汁は芳醇で、身体からエナジーが湧き上がってくるようなおいしさ

[問い合わせ先]
株式会社アムリターラ
〒153-0052 東京都目黒区祐天寺2-8-16 祐天寺KITビル3F
TEL 03-4405-9518
https://www.amritara.com

MURASAKIno

ムラサキノ

滋賀県東近江市

高貴なもの、美しいもの、の枕詞である「紫草」。
万葉集にも詠まれた日本人の原風景を彩る花は、
実は、国内では非常に栽培がむずかしい花だった。
そこで、立ち上がったのが、
紫草の栽培に適した奥永源寺に暮らす人たち。
移住者も加わり、「オーガニックコスメ」をキーワードに、
紫草を、自分たちの故郷を再興させるための
プロジェクトがスタートした。

万葉集に詠まれた幻の花

「あかねさす　紫野行き　標野行き　野守りは見ずや　君が袖振る」(額田王)
「紫草の　にほへる妹を　憎くあらば　人妻ゆゑに　我恋ひめやも」(大海人皇子)

これは、額田王と大海人皇子の激しい恋情を詠んだ『万葉集』の代表的な恋歌である。『日本書紀』によれば、時期は668(天智7)年と推測され、舞台となったのは古くから蒲生野と呼ばれた船岡山の一帯、現在の滋賀県東近江市にあたる。和歌に詠まれる「紫草《むらさき》」は、「美しいもの」「高貴なもの」の枕詞なのだが、当地では万葉の時代から栽培され、2007年には市民からの投票により東近江市の花に認定された。実は紫草を市の花に制定しているのは、全国で東近江市だけだ。それだけ日本では栽培がむずかしく、国産が流通していない植物なのだ。

さらに、近年は地球温暖化に起因する環境の変化により栽培は困難を極め、環境省のレッドリスト(絶滅のおそれのある野生生物の種のリスト)にも登録されている。事実、東近江市においても、95%以上の紫草が死滅する年もあった。そこで注目されたのが、標高が400m以上の冷涼な気候の奥永源寺地域だ。市役所や八日市南高等学校、奥永源寺振興協議会(奥永源寺地域の7集落により設立、2015年解散)らが連携、耕作放棄地を開墾し、紫草の栽培に取り組んだ。振興協議会のメンバーは、八日市南高が管理していた「鈴鹿山中の原種」の種を奥永源寺地域で育て、何万粒という種を収穫することに成功し、その種を同校へ寄贈した。非常に栽培がむずかしく、ほぼ国産が流通していないにもかかわらず、ここでは、この10年ほどで目に見える成果を生んだのだ。

兵庫県宝塚市の出身で、八日市南高で農業科の教員をしていた前川真司さんは、当時から同僚の先生が紫草のプロジェクトにかかわっているのを知っていた。ただ、前川さんの関心は歴史的なロマンの方にあった。それが次第に紫草の存在そのものに移り、2014年春、教員を辞めて地域おこし協力隊の一員となり、奥永源寺地域の君ヶ畑に移住した。その時点ですでに、奥永源寺における紫草の栽培は成功していたが、その活用法に頭を悩ませていた。奥永源寺振興協議会の主導のもと、前川さんも加わり、試行錯誤の日々が始まった。

高松会の工房の裏を流れる御池川。奥永源寺は「宇治は茶所、茶は政所」の茶摘み唄で知られる政所茶の産地だ

social cosmetics

8

HIGASHIOMI
SHIGA

木地師のふるさと高松会のメンバー。左から城戸さん、辻さん、瀬戸さん、前川さん夫婦

大皇器地祖神社。木地師の祖・惟喬親王にゆかりのある神社

奥永源寺・君ヶ畑。現在、16軒20名が暮らす奥永源寺で最奥の集落

染料ではなくコスメの原料として

紫草の名前は、根の部分である紫根が紫色をしていることに由来する。古くから「冠位十二階最高位」の「濃紫」の染料としても用いられてきた。前川さんはそうした歴史、国産の紫草の希少性、唯一無二の高貴で美しい色などに着目し、紫根染の原料として販売することを考えた。しかし、染料として使うには膨大な量を必要とすること、それに伴い大変高価になってしまうことから断念せざるを得なかった。

しかし、紫草の魅力は色だけではなかった。紫根は、医薬品の規格基準書である「日本薬局方」にも登録されており、保温や保湿、殺菌や抗菌の効果があり、また、紫雲膏などのやけどや湿疹、肌荒れの漢方薬としても長年親しまれてきたのだ。つまり、肌の悩みに応え、美容の効果も期待できるというわけだ。さらに、染料として使用する場合に比べ、圧倒的に少ない量で済む。そして、2014年の末に化粧品のOEMを手がけ、全国のオーガニックコスメの企画から製造、販売までを担うアルデバラン株式会社の暮部達夫社長と出会う。最初は、コスメの原料として買い取ってもらえないか、という依頼だったが、翌春には、自分たちのブランドの開発をスタートさせた。

前川さんは開発を進めるために資金が必要だった。そこで、滋賀銀行のビジネスプランコンテストで入賞し開発費の融資を取りつけたり、木地師のふるさと高松会（2015年、君ヶ畑の人たちで発足した地域団体）とともに「木地師のふるさとガイドツアー」「鈴鹿のアウトドアツアー」などを企画し事業化したり、株式会社みんなの奥永源寺を設立して地域住民から出資金を集めたりして資金を獲得した。また、2017年春に結婚し、最強の味方を得て、18年4月、ようやく国産の紫根を使ったコスメ「MURASAKIno《ムラサキノ》」の発売にいたった。発売後、多くの反響があり、売上も好調だという。前川さんは言う。

「化粧品のパッケージは白いものが多いんですが、ムラサキノは、紫根の色が目を惹くデザインでインパクトがある。しかも、つけてみると使用感も良くて香りもいい。さらには、紫根が持つ薬草としてのポテンシャルが評価された結果だと思います」

社会派化粧品

Products

フェイスウォッシュ 洗顔

洗顔には欠かせないキメの細かい泡立ちと、つっぱりを抑えてしっとりした洗い上がりが特徴

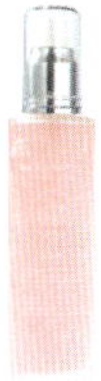

トナー 化粧水

日焼けによるシミ・そばかすを予防してくれるムラサキ根エキスを配合した化粧水

セラム 乳液

滋賀県産のナタネ油やヒマワリ種子油を配合し、皮膚に潤いと柔軟性を与えてくれる乳液

オイル 美容液

皮脂に似た成分のため、角質層に浸透しやすい保湿成分スクワランを配合

ハンドクリーム

滋賀県産のヒマワリ種子油やナタネ油など、肌をなめらかにする天然の保湿成分を配合

[問い合わせ先]
株式会社みんなの奥永源寺
〒527-0202 滋賀県東近江市君ヶ畑町844番地
TEL 0748-56-1194
http://www.murasakino.organic

デザイン／二口勲

CRECOS

クレコス

奈良県奈良市

生産者の顔が見える、国産の自然原料を使いたい。

障がいのある方々の

雇用と自立を支援したい。

「娘に安心して使わせられる化粧品を」

というパーソナルな思いは、

すべての女性たちへ、そして、

ソーシャルへと広がっていった。

日本のオーガニックコスメのパイオニア

「自分の娘に、心から信頼して勧められる化粧品を」

株式会社クレコスの歴史は、創業者であり、現会長の暮部恵子さんの母親としての思いから始まった。

創業前、恵子さんは、自然派化粧品の販売に携わっていた。しかし、中身を調べると、無添加を謳いながらも、あたりまえのように石油由来の成分が含まれていた。自分が納得できるもの、娘に安心して使わせられるものがないなら、この手でつくるしかない。そうして、１９９３年、暮部恵子のコスメ「ＣＲＥＣＯＳ《クレコス》」が創業したのだ。

理想は、元来日本人が持っている〝あるがままの美しさ〟を引き出すこと。そこで主要な原料に、米ぬかを選んだ。食べものは細胞になって３～４ヶ月で肌の表面にあらわれるが、何千年にも渡って米を主食としてきた日本人の肌は、米からつくられているに違いないと考えたからだ。実際に石鹸が登場するまで、米ぬかはぬか袋に入れて洗顔に愛用され、日本人の美肌を磨いてきた。

生産者の顔が見えるのも、クレコスがコスメをつくるにあたって、大切にしていることだ。米ぬかは、天鷹酒造（栃木県大田原市）の尾崎宗範さんがつくるオーガニックな清酒の貴重な副産物を分けてもらっている。化粧水の原料となるへチマ水は、新興社（熊本県上益城郡山都町）の飯星新助さんが生活汚染や農薬の影響を受けない標高６００ｍの畑で育てたへチマから年に一度だけ採取できる原料を使っている。

「どこの土地で、誰の手で、どのような思いやこだわりを持って育てられたのか。生産者の声に耳を傾け、原料づくりへの思いと、コスメづくりへの思いを伝え合うことで、私たち自身が、私たちのコスメを信じることができる」

これは、恵子さんの息子で、現社長の達夫さんの言葉だ。

社会活動に対する情熱

クレコスは、社会活動にも熱心だ。創業年の１９９３年、施設を訪れ、お年寄りの方にメイクを施す「メイクボランティア」を開始。女性はいくつになっても綺麗でありたいもの。容姿を整えるだけでなく、心を明るくするというのも化粧品ならではだ。また、古タオルを持ち寄り、手縫いの雑巾に仕立てて、各施設へ寄贈する「雑巾を縫う会」に参

栃木県大田原市にある天鷹酒造の圃場

加。「真心クロス」として喜ばれているそうだ。95年には、「クレコスにこにこ倶楽部」を設立。募金活動を行い、アジア協会アジア友の会（ＪＡＦＳ）を通じてアジア諸国へ井戸を寄付している。２０１６年までに14基の井戸を建設した。00年からは、容器の自主回収を行っている。使用を終えた空容器を一定量ずつまとめて送れば、クレコスオリジナルの台所用固形石鹸（障がい者施設で製造）と引き換える取り組みだ。

さらに、障がいのある人たちが働く支援施設で、植物素材からウォーターを蒸留して化粧品に配合したり、支援施設のオリジナル商品をプロデュースして障がい者の雇用と自立を支援したりと、活動の幅は広がるばかりだ。

クレコスでは、これまでに行ってきた営利事業と社会事業を一体化させた活動を、「ある事柄がいつまでも続くこと」を意味する「久遠《くおん》」から取って、「ＱＵＯＮ《クオン》ＰＲＯＪＥＣＴ《プロジェクト》」と名づけた。日本の女性を美しくする化粧品づくりを通じて、日本の農業、森林、福祉、それぞれの分野に還元し、次の世代へ持続させていく。

熊本県上益城郡山都町にある新興社のヘチマ水

FACTOの内装。事務室や廊下などの壁材には岡山県の「西粟倉森の学校」の木材を使用

一般社団法人シーズ オブ ライフの代表で、在来種、オーガニックスペシャリストのジョン・ムーアさん。
2018年5月、「Hana Marche」の会場にて

2018年11月、「唐津コスメティックファクトリー（FACTO）」の完成披露会の様子

「クレコスにこにこ倶楽部」の活動によりカンボジアに建設された井戸

誰もが自社工場のように使える工場

2018年11月、クレコスは新たなステージを切り拓いた。新工場「唐津コスメティックファクトリー（FACTO）」のオープンだ。これは、国際的コスメティッククラスター（産業集積地）を目指す唐津市が、「唐津コスメティック構想」の一環として誘致したことにより実現した。

特徴としては、地域の素材を化粧品の原料にし、その原料を使った化粧品の研究・開発・製造、さらに出荷までをワンストップで行えるようにしたことだ。原料については、ジャパン・コスメティックセンター（JCC）が運営する試験圃場「TocoWakaFarm」（P.118）をより活かせるようになった。さらに、製造については、小ロットにも対応し、工場を持たない企業でも自社工場のように使用できるセミファブレス的な機能を持たせた。

内装の一部は、地域の人々の力を借りてDIYで仕上げられ、さらに今後、エントランスの前は、在来種、オーガニックスペシャリストのジョン・ムーアさんが、地産の植物を使い、地元の人たちと植栽していく予定だという。唐津の人たちにとっても愛される場所になることだろう。

社会派化粧品

Products

ピュアヘチマエッセンス

水を一滴も使わずに有機・無農薬栽培されたヘチマ水にヘチマの美容成分サポニンを多く含むヘチマの葉汁、自然農栽培の大和茶の葉と花のエキスを配合

フェイシャルフォーム

優しくなめらかな泡立ちの洗顔フォーム。優れた吸着力が特徴の火山灰を配合。毛穴の汚れや古い角質などを取り除き、くすみなどの原因となる余分な皮脂をしっかり除去

クレンジング&マッサージ

肌をやわらかくするスクワランをベースにメイクや汚れを浮き上がらせて洗い流す。ユキノシタエキス、ウンシュウミカン果皮エキスに加え、肌に潤いとハリを与える「シア脂」を配合

エクストラオイル

上質な天然オイルをブレンドした美容オイル。スクワランをベースに、自然農栽培で育った大和茶の茶実油をオリジナル原料として配合

エッセンスミルク

創業当初からのロングセラーアイテム。昔から美肌に良いとされてきた米ぬか発酵液をベースに、数種の植物性美容成分を最良のバランスで配合

［ 問い合わせ先 ］
株式会社クレコス
〒630-8441 奈良県奈良市神殿町572-1
TEL 0120-86-9054
http://www.crecos.jp

デザイン／新井和美（メディアステーション）
http://mstation.o.oo7.jp

QUON

クオン

奈良県奈良市

かつての娘も、いつしか母に。時代の移り変わりは、

新たなコスメの登場を期待した。

「日本初の国産のワイルドクラフトコスメ」は、

生産者や障がいのある方に元気を、

業界に活気をもたらし、

日本のコスメを進化させた。

ワイルドクラフトコスメの誕生

「クレコス」の最初の化粧品が発売されたのは、1994年7月のことだった。創業者の暮部恵子さんの「娘に安心して使わせられる化粧品を」という思いから誕生したのだが、いつしか娘と同世代の女性の多くは母となった。さらに、その娘たちへ、というコンセプトから、2011年9月にローンチしたのが、「QUON《クオン》」だ。恵子さんの息子、達夫さんがプロジェクトを指揮した。クオンとは、「遠い過去と未来」「ある事柄がいつまでも続くこと」というサステイナブルな言葉「久遠《くおん》」から取った。最大のセールスポイントは、〝日本初の国産のワイルドクラフトコスメ〟であるということだ。

ワイルドクラフトは「自然農法」とも呼ばれるが、これは肥料や農薬を一切使わないばかりか、土も耕さず、草や虫を敵とみなさない農法のことだ。書籍や映画にもなった『奇跡のリンゴ』などで知られるようにもなった。クオンは、自然農法で栽培された「大和茶」をはじめ、国産の自然原料を極めて高い比率で配合している。

自然農法の大和茶との出会い

クオンにとって、健一自然農園の伊川健一さんとの出会いは大きかった。こちらでは、昼夜の寒暖差が大きく、早朝にはしばしば霧が立つという、茶の栽培に適した奈良県北東部の大和高原において、1200年前と変わらない方法で、自然に寄り添いながら大和茶を栽培している。

伊川さんは1981年、奈良県大和郡山市の生まれ。高校生の頃から農業に興味を持ち、私塾にも通っていた。そして2001年5月、19歳で自身の農園を立ち上げる。高齢化や後継者不足により、ジャングルのようになった耕作放棄地を自然農法で再生していくなかで、慣行農法ではほとんど見られない茶の花や実の存在を知る。茶葉だけでなく、茶花も茶実も化粧品の材料になるのだ。10年に契約し、クオンの他、クレコスの原料にも使われている。香りが良く、透明感があり、喉の奥の方で甘みを感じるなど、味としての評価はもちろんのこと、コスメの原料にも成り得ることは、伊川さんにとっても茶の可能性を広げたという意味において大きかった。

奈良県北東部の大和高原にある健一自然農園の茶畑

健一自然農園代表の伊川健一さん

福祉施設との連携

福祉との積極的な取り組みも、クオンの特色といえる。健一自然農園の茶葉・茶花の蒸留、茶実の搾油は、新潟県の障がい者就労支援施設「あおぞらソラシード」(P.38)に依頼している。

また、パッケージに関しては、森林保護の観点から特定の山から間伐材を伐採することに始まり、「社会福祉法人青葉仁会」で働く障がいのある方々の手漉きによる和紙を使用している。また、達夫さんは、青葉仁会が石鹸工房を設ける際に協力しただけでなく、クレコスやクオン、アルデバラン株式会社で手がけるOEMの仕事を委託するなど、障がい者の就労支援の一端を担っている。

オーガニックコスメのプロデューサー

日本のオーガニックコスメのパイオニアが手がけたニューラインの評判は瞬く間に広がり、その後、地方のオーガニックコスメが続々と誕生する端緒を開いた。成分や香り、使用感などはさることながら、クオンではデザインに

社会福祉法人青葉仁会の紙漉きの作業

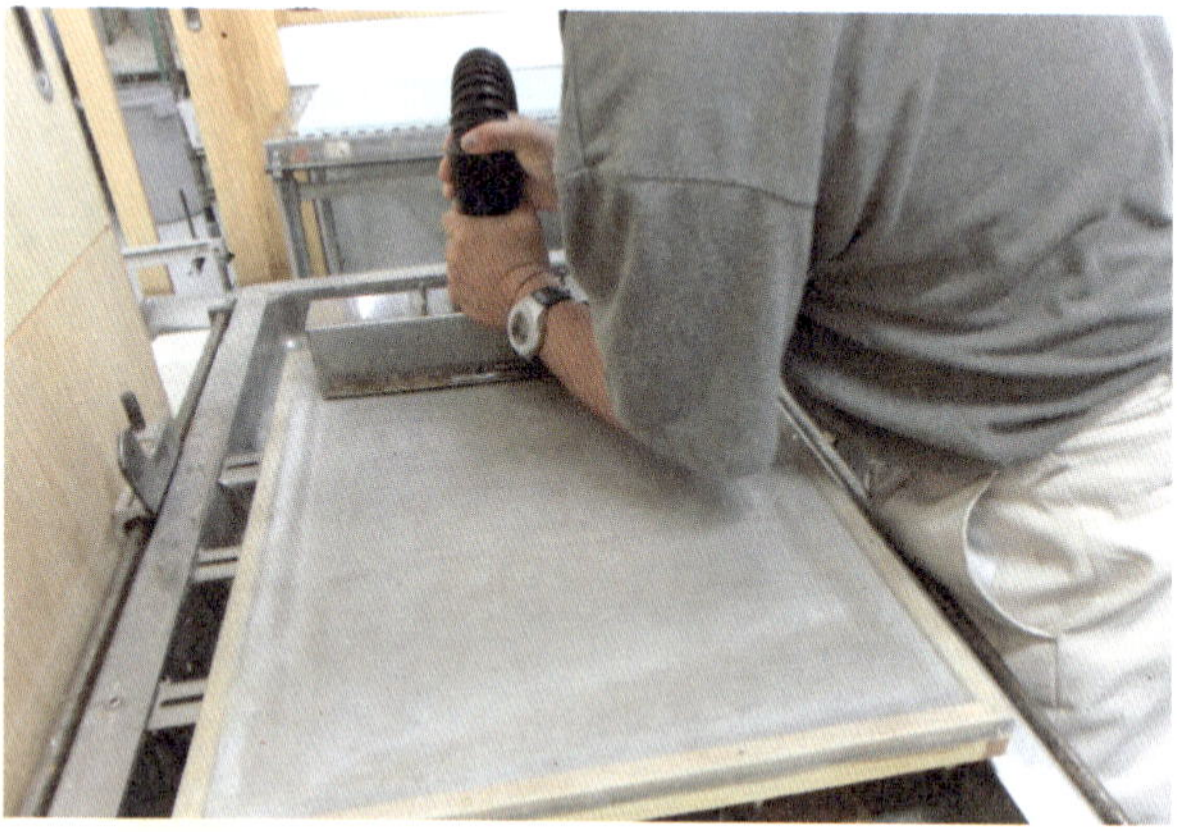

クオンのフェイスソープなどに配合されるフランキンセンス芳香蒸留水は、
新潟県の障がい者就労支援施設「あおぞらソラシード」(P.38)で蒸留されている

2013年のグッドデザイン賞を受賞した「ビューティーアクチュアライザー」のパッケージ

もこだわった。デザインを手がけたIKEUCHI BROTHERS & Co.のクリエイティブディレクター・池内大さんは、「オーガニックコスメを使ったことがない初心者や男性も手に取りやすいよう、自然素材の印象や化粧品らしさを強調しない、ユニセックスなデザインを目指した」と語る。その上品で洗練されたデザインにより、2013年のグッドデザイン賞を受賞した。

さらに、14年には、ソーシャルプロダクツ・アワードの大賞を、16年には、第2回ジャパンメイド・ビューティ アワードの最優秀賞を受賞している。ちなみに、第2回ジャパンメイド・ビューティ アワードの優秀賞を受賞した「ナルーク ボディオイル」(P.14)、「ヤエトコ 家族ハンドクリーム(伊予柑)」(P.94)も、達夫さんがプロデュースを手がけている。

現在、日本のオーガニックコスメ業界で、もっともアポイントメントが取れないといわれる男は、今日も全国を駆けめぐり、地域のポテンシャルを引き出すコスメのアイデアをひねっているに違いない。

社会派化粧品
Products

ベアスキンフォーマライザー
フェイスソープ

フランキンセンスなどの植物エキスと、ソープナッツのきめ細やかな泡で、包み込むように優しく肌を洗い上げる

エターナルエッセンス

ハリを与えキメを整えて美肌へと導くザクロ種子油やアルガニアスピノサ(アルガン)核油などの天然植物油を大和茶の茶実油にブレンド

ビューティー
アクチュアライザー

メラニンの生成を抑える茶カテキンを含む「茶葉」、肌を酸化から守る茶サポニンを含む「茶花」、ハリと潤いを与えるオレイン酸を含む「茶実」を、惜しみなく配合

メルセライザー
ハンドクリームY

国産の柚子果皮水と精油をブレンドした上品で穏やかな柚子の香りとイエローのクリームが、清々しい女性らしさを引き出し、使うたびに指先までハリと弾力を

サブティライザー
ボディシュガースクラブ

ミネラルたっぷりのサトウキビ由来の素焚糖(すだきとう)にホーリーバジル漬け込みオイルが溶け込み、潤いに満ちた若々しい肌へ

ヴァーナライザー
ボディオイルイン
ローション

海洋深層水と植物水が潤いで満たし、ホーリーバジル、カレンデュラ漬け込みオイルが、肌をやわらかく、しなやかなボディへ

[問い合わせ先]
株式会社クレコス
〒630-8441 奈良県奈良市神殿町572-1
TEL 0120-86-9054
http://www.quon-cosme.jp

デザイン/ IKEUCHI BROTHERS & Co.
http://www.ikeuchi-bros.com

「ジャパンメイド・ビューティ アワード」の意義

インタビュー ―UBMジャパン 江渕敦さん

2015年に始まった「ジャパンメイド・ビューティ アワード」(「ダイエット&ビューティーフェア」で発表)は、今やコスメティックやインナービューティのブランドにとって大きな目標となっています。開催にいたった経緯や今後の展望などについて、主宰者であるUBMジャパン株式会社の江渕敦さんにお話をうかがいました。

●本書の取材をしていると、「ジャパンメイド・ビューティ アワード」の話題がよく出てきます。どういうきっかけで始められたのですか?

普段から出張取材などでいろいろな地域の方とお目にかかるのですが、健康や美容素材を活用したものづくりを応援する自治体が増え、各地で魅力的なコスメや食品に出会う機会が増えてきました。ところが、そこで耳にしたのは、「つくったが売れない、売り方がわからない」という残念な声。みなさんがせっかく思いを込めてつくった商品にスポットライトをあてられないか、「出口(販路)」づくりのお手伝いができないか、と考えたのが、ジャパンメイド・ビューティ アワードだったのです。

●審査員を選ぶ際の基準はあるのですか?

出口をつくることが重要ですから、百貨店やセレクト、ドラッグ、コンビニ、通販などのバイヤーやMDに携わっている方、そして、情報発信力のある業界のキーパーソンにお願いしました。

●第1回(2015年)の反響はいかがでしたか?

売場の方が地域の美と健康にチャンスを感じていただけるようになったこと。一方で、つくり手側も、買い手や使い手の姿をより具体的に描くようになってきたと感じます。

●「地域」というワードがよく出てきますが、アワードの受賞の条件について教えてください。

エントリーは地域発であること。審査項目の一つにも地域性があります。そして、地域資源である人や自然、文化といった背景を意識し、活かしていること。地域に向かい合うことで魅力を引き出し、地域であることを強みに変えて、さらに、商品化を通じて「日本らしさ」を発信していただければと思います。

●「日本らしさ」とは何なのでしょう。日本にいながら日本を客観的に見るのはむずかしいように感じますが、海外からはどのように見られているのでしょうか?

アジアで、K-Beauty(韓国美容)がマーケティング力で圧倒的な存在感を増すなかでも、J-Beauty(日本美容)への絶対的な信頼感が揺らぐことはありません。安心・安全の食品も同様です。ものづくりへのこだわりが、日本らしさといえるでしょう。また、訪日客はリピーターになるほど、もっと日本を知りたいと思い、これまで訪れることがなかった地方都市、海、山へも足を運んでいます。日本の魅力は、自然・四季・地域・文化・人などの多様性と指摘する方もいます。「こだわり」と「多様性」の両方の日本らしさを表現できるのは、地域発ならではだと思います。

●最後に今後の展望についてお聞かせください。

アワードへのエントリーも年々増加し、パッケージ、デザイン、コンセプト、価格バランスなど、商品力も増しています。今、企業の課題共有のための研究会も続けています。このアワードが、商品開発や国内外への展開の足がかりとなって、みなさんの大きなメリットとなるように取り組んでいこうと思います。そして、「ジャパンメイド・ビューティ」が、J-Beauty(日本美容)の魅力的なジャンルの一つとして定着するのを目指して。我々の事業のスローガンは、「〝美と健康〟出づる国から、世界へ」です。

江渕 敦 えぶち あつし
大分県出身。広告代理店勤務を経て、イギリスに本部を置く国際メディア企業であるUBMの日本法人、UBMジャパン株式会社へ入社。現在、ダイエット&ビューティ事業部長、ダイエット&ビューティ編集長を兼任　http://www.ubmjapan.com

IERU

イエル

大阪府大阪市

朝から晩まで忙しい現代の女性が、

1日の最後にリラックスできるようにとの思い。

日本の薬のルーツの地といわれる、曽爾村で栽培されたヤマトトウキ。

そして、母から娘へと引き継がれた、

長年に渡る漢方の知識と経験。

それらが融合して「イエル(=癒える)」は誕生。

女性を心身から癒すために。

女性の心身を健やかにする薬草「トウキ」

「IERU《イエル》」のブランドディレクター、夏山亜也子さんは、前身の赤玉薬局（1955年創業）から数えて半世紀以上の歴史がある「赤玉漢方薬局」の創始者の娘として生まれ、母から漢方を学び、そのすばらしさを誰よりも身近に感じてきた。自身も出産を機に、漢方で重要とされる「気《き》・血《けつ》・水《すい》」のバランスを崩し、肌と体にあらわれた不調を漢方で克服した経験を持つ。ただ、一般の人々にとって、漢方の敷居が高いように思われているのは事実だ。そこで夏山さんは、「現代の女性は忙しい。だから、1日の終わりに気軽に癒されるものをつくりたい」という思いから、2016年、「イエル」プロジェクトをスタートさせる。知人から紹介を受けたアルデバラン株式会社の暮部達夫社長が、開発のパートナーを引き受けてくれた。

ブランドのコンセプトやネーミングなどを進めるなか、キーとなる成分については、奈良県宇陀郡曽爾村の「大和当帰《ヤマトトウキ》」に決まった。トウキは漢方では、「当帰芍薬散《とうきしゃくやくさん》」として、女性のホルモンバランスを整える効果があり、〝女性の宝〟と称される生薬だ。その名前には、女性の体が健やかな状態に「当《まさ》に帰る」という意味も含まれるという。暮部さんが奈良県出身、また、アルデバランの親会社の株式会社クレコスの本社が同県であることなどからつながった縁だ。

日本の薬のルーツの地から

曽爾村農林業公社では、2016年から薬草事業に取り組んでいる。当地の薬草の歴史は古く、1400年ほど前にさかのぼる。『日本書紀』（720年成立）には、推古天皇（554－628）が宇陀で「薬狩り」をしたと記されており、そのことから宇陀は「日本の薬のルーツ」の地といわれることもある。また、江戸時代には、徳川幕府の薬業の振興により、宇陀で見出されたヤマトトウキが優れた品種として知られたことから、今回の事業でもメインに据えられた。さらに、村が掲げる「心身健美」というコンセプトにも合致する。

当初は、漢方薬の原料として希少な根を出荷していたが、暮部さんのアドバイスもあり、コスメにも食用にも使える葉に着目する。ヤマトトウキの葉は、ビタミンEが玄米の

和漢植物を保管する薬ダンス

一般的に150種類はあるとされる和漢植物のなかから、「イエル」ではヤマトトウキを中心に15種類を厳選して配合

ヤマトトウキの畑。曽爾村には、江戸時代から栽培していた記録も残されている。正面にそびえるのは鎧岳

7・8倍、ビタミンCがトマトの4・7倍と豊富で、かつ、活性酸素から体を守る抗酸化成分をはじめとする、美容や健康に役立つ成分が多く含まれているのだ。

ヤマトトウキの葉を原料に試作を繰り返しながら商品化は進み、2017年9月、「イエル　ノンオイル　クレンジングリキッド」が発売された。パッケージの柄は、初夏の頃に咲くヤマトトウキの小さな白い花がモチーフだ。以降、スキンケア4種、サプリメント2種、薬用入浴剤1種、和漢ハーブティー6種まで、ラインナップは拡充した。これらの商品を通じて、夏山さんの思いは次へとつながっている。

「漢方では、和漢植物は人に備わっている本来の強さを引き出すと考えられています。その力で女性の肌と体を健やかに導きたい。イエルを入口に、漢方のことを広く知っていただき、漢方をもっと盛り上げていきたいと思います」

社会派化粧品
Products

スパークリング
モイスチャーミスト

15種類の和漢植物と高濃度炭酸を配合。高濃度炭酸によるきめ細やかなミストが角質層まで行き渡り、後に続くスキンケアの効果をさらに引き出す

スパークリング
モイスチャーエッセンス

15種類の和漢植物と高濃度炭酸を独自の処方でぜいたくに配合。高濃度炭酸が肌のめぐりを良くし、潤いを保ちながら、透明感あふれるハリと弾力のある肌へ

ノンオイル
クレンジングリキッド

厳選した15種類の和漢植物と美容・保湿成分を独自の処方でぜいたくに配合。うるおいを与えながらメイクや皮脂の汚れを落とす

ウォッシング
フェイスフォーム

厳選した15種類の和漢植物と美容・保湿成分を漢方薬局が独自の処方でぜいたくに配合。きめ細やかな泡で、包み込むように優しく洗い上げる

ハーバルサプリメント
ビューティ

トウキをはじめ、ハトムギ、高麗人参、乳酸菌、ビタミンなど、美容保湿成分をぜいたくに配合。体の内側から美しい肌へと整える

ハーバルサプリメント
クレンズ

トウキをはじめ、桑の葉、ツルアラメ、ジンジャー、L-カルチニンなど、美肌をつくりながら脂肪燃焼と腸内排出、代謝を促進する成分を配合

[問い合わせ先]
赤玉漢方薬局
〒544-0001
大阪府大阪市生野区新今里3-5-16
TEL 06-6754-7007
http://www.ieru.co.jp

デザイン／安田智和（ベースクリエーション）
http://www.basecreation.co.jp

yaetoco

ヤエトコ

愛媛県西予市

地元の人たちが「何もない」と思っていた場所は、
太陽と海の恵みにあふれた「どこにもない」場所だった。
ミカン農家の危機に、立ち上がった3人の農業後継者が、
選択したのは、有機栽培への転換だった。
その奮闘ぶりは、大きなうねりとなり、
柑橘から漁業、福祉にいたるまで、地域全体を巻き込んでいく。
そして2012年、新たな取り組み、「ヤエトコ」が始まり、
どこにもない場所はさらに進化する。

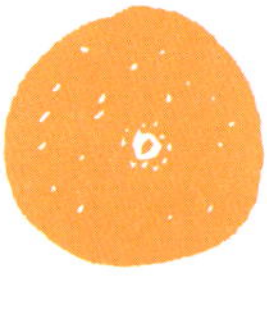

柑橘の有機栽培への挑戦

　地方へ行くと、自分の住む場所について、市町村ではなく、集落の単位で説明してくれることがある。それだけ集落によって特色があり、誇りを持っているからなのだろう。愛媛の西予の明浜の狩浜。コンビニもなければ、信号機も一つもない。都会的な価値観からすれば、「何もない」場所になるのかもしれない。しかし、先人が農地を広げるために、石灰岩で組み上げた段々畑の上から見下ろせば、山と海が近く、太陽の恵みにあふれる特別な場所であることがわかる。1974年、無茶々園の歴史は、ここから始まった。

　さまざまな柑橘類が植えられる現在の段々畑からは想像もつかないが、もともとは麦やイモ、養蚕のための桑が栽培されていた。昭和30年代にミカンに切り替えられたが、しばらくすると全国的な過剰生産のために相場が暴落し、ミカン農家は苦境に立たされた。こうした現状に危機感を抱いた農業後継者の3人が、地区の寺から15aの農地を借りて伊予柑の有機栽培を始め、その実験農園に「無茶々園」と名づけた。翌年には、伊予市で自然農法を実践していた福岡正信さんの指導を受けるなど、周囲の人々にも支えられながら活動を続け、1978年には、無茶々園の活動がNHKや朝日新聞などのマスコミに取り上げられ、全国から問い合わせが入るようになった。今では、柑橘類からジュースやマーマレードなどの加工品、ちりめんじゃこや真珠などの海のものまで、明浜のいいものをまるごと販売するまでに広がった。

地域を象徴するオーガニックコスメ

　そうしたなか、2007年、ジュースを搾汁した後の果皮を有効活用してエッセンシャルオイルの製造を開始。そして12年、エッセンシャルオイルを活用したコスメブランド「yaetoco《ヤエトコ》」を立ち上げる。この名前は、狩浜の秋祭りに登場する牛鬼のかけ声「ヤーエートコー（浜はよいところ）」から取ったという。ちなみに、無茶々園との付き合いが30年ほどになるミカン農家の川越文憲さんによると「秋祭りは盆や正月よりも大切」で、他所から嫁いだ妻の江身子さんは「どの家でもどのお客でももてなさないといけないので、最初は面食らった」と笑う。

　「ヤエトコ」プロジェクトの中心人物が高瀬英明さんだ。

明浜の柑橘類は3つの太陽に恵まれているといわれる。太陽の光、海からの照り返し、そして段々畑の白い石垣からの反射。
まんべんなく光があたるので、味の濃いみかんが育つそう。
温州ミカン、ポンカン、伊予柑、ネーブルオレンジ、不知火、甘夏、レモンなど、とにかく種類が豊富

social cosmetics

12

SEIYO
EHIME

温州ミカンを摘むミカン農家の藤本敦さん

山から採ってきたミカンを選別して、出荷できるもの、できないものを分ける選果の作業

甘夏を収穫する、若手のミカン農家の宇都宮幸博さん

高瀬さんは愛媛大学を卒業後に就職したダイエーでは販促を担当し、09年に無茶々園に転職。しばらくしてエッセンシャルオイルの事業を引き継ぎ、コスメの事業化を検討し始める。商品開発の参考にしたのが、ペルソナマーケティング(商品やサービスを利用する人物像をつくり、そのユーザーのニーズを満たすように商品やサービスを設計していくマーケティング手法)で、そのモデルとなったのが、当時30代前半で、商品を見る目が厳しい高瀬さんの奥様だった。結果としては、想定していたよりもよく売れているという。ヤエトコを担当する岩下紗矢香さんは「愛媛といえばミカンだし、つくり手の顔も見える。シンプルなストーリーが受けたのでは」とその理由を分析し、オイルの頃から携わっている藤森美佳さんは「原料は青果としては使えないB級品。ヤエトコが売れたことでその価値を高め、生産者への還元もできるようになる」と周囲への好循環についてつけ加えてくれた。

16年には、段々畑での有機栽培の取り組み、漁業者と連携した環境維持活動、女性有志の会による配食サービス(09年)、地域福祉サービスの展開(14年)、廃校となった小学校の校舎の活用(16年)などが総合的に評価され、「農林水産祭(むらづくり部門)」において天皇杯を受賞した。今や、明浜においてなくてはならない存在となり、岩下さんや藤森さんのような県外からの移住者も増えた。今後の展望について、代表の大津清次さんに聞いた。

「有機農業は効率化できないので、一般企業のようにお金を稼ぐのは不可能。お金も大事だけど、それよりも農家を続けられる仕組みをつくり、楽しく暮らしていける地域を目指そうというのが創業者たちの思いでした。これまでも柑橘類の販売だけでなく、6次産業化(ジュースやコスメ)や福祉事業なども進めてきましたが、同じことだけを続けているとマンネリしてしまうんですよ。だから、次の10年、20年を見据えると、新たな雇用を創出しないといけないし、そのためには事業を拡大する必要がある。評論家の内橋克人さんはFECの自給を提唱していて、Fはフード(食料)、Eはエネルギー、Cはケア(福祉)を意味しますが、無茶々園はさらにワーク(雇用)までを加えた『FECW』の自給ができる地域づくりを考えています。いずれは、無茶々園モデルを海外も含めた他の地域にも展開していきたいですね」

2016年、前年に廃校になった旧狩江小学校内へ明浜事務所を移転。狩江地区（狩浜と渡江）では廃校の活用が検討され、施設名を「かりえ笑学校」としてリスタート。地域内外の多くの人が訪れる新しい拠点になることを目指している

社会派化粧品
Products

家族ハンドクリーム
(伊予柑)

無茶々園で育てた伊予柑の果皮エキスをベースに、ミカンの花々から採ったハチミツをたっぷり使用したハンドクリーム

家族バーム
(甘夏)

無茶々園で育てた甘夏の果皮エキスとミカンの花々から採ったハチミツを使用。唇の保湿や、手指のささくれ、かかとのケアに

家族洗顔石鹸
(伊予柑)

無茶々園で育てた伊予柑の果皮エキスに、ミカンの花々から採ったハチミツを加えてコールドプロセス製法でつくった洗顔石鹸

家族化粧水
(伊予柑)

無茶々園で育てた柑橘の蒸留水をベースに、真珠貝のパウダーやミカンの花々から採ったハチミツを配合。甘夏もあり

エッセンシャルオイル

果汁を搾った後の柑橘果皮から水蒸気蒸留法で抽出したエッセンシャルオイル。新しい農産物の活用法として農業の可能性を拓く

バスソルト
(ぽんかんの香り)

無茶々園で育てたポンカンの果皮から抽出した精油を使用したバスソルト

[問い合わせ先]
株式会社地域法人無茶々園
〒797-0113 愛媛県西予市明浜町狩浜3-134
TEL 0894-65-1417
http://www.muchachaen.jp

デザイン/迫一成(hickory03travelers)
http://www.h03tr.com

ecobito

エコビト

佐賀県神埼市

九州地方で多く見られる木「楠」。

その防虫、消臭に加えて、リラックスの効果に着目し、

父のアイデアから始まったのが、

「クス ハンドメイド」。

さらに、フィールドは広がり、人々が集える場所

「エコビト」が生まれた。

楠の効能

佐賀県神埼市に本社を置く株式会社中村は、住宅建材や内装材の卸売業として創業して以来、〝木の香りあふれるライフスタイル創造企業〟をコンセプトに事業を多角化してきた。そのうちの一つが、楠から生まれたブランド「KUSU HANDMADE《クスハンドメイド》」だ。

「木」に「南」と書いて「楠」という漢字になるように、楠はあたたかい地域に分布していて、日本では鹿児島や宮崎をはじめ、九州地方に多く見られる。婚礼家具といえば、桐を思い浮かべるかもしれないが、かつて九州では楠が一般的だったそうだ。ちなみに、佐賀の県木でもある。特徴としては、常緑樹で緑の葉を絶やさないので、街路樹や庭園樹に広く採用される。また、成長が早く、長寿なことから巨木・名木も多く、30本以上が天然記念物に選ばれているという。さらに、古くから〝虫よけの木〟として知られ、枝や葉から抽出した天然のカンフル（樟脳）には防虫と消臭、香りにはリラックスの効果があるといわれている。そのため、仏像彫刻にも使われるそうだ。

父のアイデアから生まれたプロダクト

中村では、九州産で、おもに道路の拡張や森林整備で伐採された楠を、フローリングなどの建材用に販売してきた。だが、楠はまっすぐな材が少ないため、その過程でどうしても端材が出てしまう。そこで２００６年、現社長の中村光予子さんの父、彰義さんは楠の防虫・消臭効果に着目する。そうして誕生したのが「エコブロック」であり、「クスハンドメイド」の始まりとなった。最初は売れなかったが、ロゴをデザインし、ブランド化することで順調に売上を伸ばし、アパレルブランドなどからもノベルティの注文が入るまでになった。さらに、細い丸太や曲がった丸太はチップ状にして蒸留し、カンフルオイル（楠油）とカンフルパウダー（天然樟脳）の抽出を行った。２０１１年からはエッセンシャルオイルを販売するなど、現在では商品のラインナップもずいぶん増えた。

「父は思いついたら行動しないと気が済まない人で。５、６年前に韓国のえごまの農家にファームステイに行ったんですよ。そこで感動して帰ってきて。ただ、日本にはえごまの文化ってほとんどなくて、買う場所もなくて。私たち

上／社内の蒸留工場　下／楠をチップ状に削り出した状態

は反対したんですけど、こそっと友だちの農園を間借りしてえごまをつくっていたんです（笑）。それがうまくいって、『えこびと農園』を始めたので、私が会社の方を見るようになったんです。今では、えごまの実を搾った『えごま油』や、その搾りかすを与えて育てたニワトリが産んだ卵『えごまたまご』、さらにそのたまごを使ったケーキやシュークリームなどを商品化し、販売するまでになりました」

それらを提供する場として２０１５年に誕生したのが、自社商品とセレクトした雑貨を販売するショップとカフェを併設した施設「ecobito《エコビト》」。近所の方たちはもちろん、遠方からも人が集まるマルシェのようなにぎわいを見せている。これは、２０１７年から唐津市で始まったイベント「Hana Marche」（P.118）のヒントにもなった。

social cosmetics

11

KANZAKI
SAGA

楠の防虫・消臭効果に着目してつくられた「エコブロック」。タンスや衣装ケースの引き出しに入れると、香りが害虫を忌避する。写真は最後の焼印の工程

子どもの積木としても

2015年にオープンしたショップ＆カフェ「エコビト」

えごまを栽培する「えごぴと農園」

社会派化粧品
Products

エコブロック＋
カンフルオイル

タンスや衣装ケースの引き出しに入れると、香りが害虫を忌避。香りが弱くなったら、カンフルオイルを塗って繰り返し使える

カンフルオイル

九州産の楠から抽出された100％天然のエッセンシャルオイル。やわらかさと爽やかさを併せ持つ木の香りはリラックス効果をもたらす

ブレンドエッセンシャル
オイル ひなた

柚子精油、ホウショウ精油が原材料。ひだまりの香り

九州産 えごま油
Perilla Oil

100％自社農園＋契約農家栽培のえごま実を使用。α-リノレン酸を50〜55％以上含有

カンフル＆ラベンダー
ボディトリートメントオイル

さっぱりとした香りと肌なじみの良いボディトリートメントオイル。乾燥を防ぎ、肌を保護

ピュアリソープ

くすのき油（樟脳油）、オリーブ油、ヤシ油、パーム油、茶の実油、シアバターを配合

[問い合わせ先]
株式会社 中村
〒842-0063 佐賀県神埼市千代田町迎島1282-3
TEL 0120-930-040
http://www.ecobito.jp

デザイン／三迫太郎
https://misaquo.org

TSUBAKI SAVON

ツバキサボン

佐賀県唐津市

15歳で地元を飛び出した少女は大人になり、
嫌いだったはずの地元に恩返しをするために、
佐賀県最北端の“ツバキの島”、加唐島へ。
最初は受け入れられなかったが、何度も足を運び、対話を重ねるうちに、
協力を得られるように。
そうして誕生した「ツバキサボン」は、
島民たちに誇りを取り戻させた。

大嫌いだった故郷のために

地方に暮らす若者にとって、さしてめずらしいことではないかもしれないが、松尾聡子さんは地元が嫌いだった。15歳のとき、生まれ育った唐津市呼子町を飛び出して、佐賀、福岡、名古屋と転々とし、2010年に福岡で起業する。広告のグラフィックデザインを中心に、ウェブデザイン、専門学校の講師など幅広く活躍するなか、不思議と嫌いだったはずの唐津からの仕事が増えてきた。そこで、会社の登記を唐津に移すと、地元の動きが見え始めた。唐津に拠点を置くジャパン・コスメティックセンター（JCC）の会員からの仕事も請け負うようになると、自分も地元のためにもっと何かしたい、という思いに駆られ、JCCのチーフコーディネーターの小田切裕倫さんに相談する。

「呼子のイカに次ぐ、唐津の名産をつくりたい」

そうして2015年、地元の特産物を使ったオーガニックコスメの開発を思い立った。最初はミカンでも試してみたが、うまくいくイメージが湧かなかった。模索している最中、父親から加唐島の存在を聞く。加唐島は県の最北端であり、面積は3km²弱、人口は90人ほどの小さな島だ。そして、日本書紀にも「ツバキの島」と記されるほど、多くのヤブツバキが自生している。2月になると赤いツバキの花が島全体に咲き乱れるそうだ。松尾さんはさっそく呼子港から就航する定期船に乗り込み、島へ渡った。

「加唐島は、人口の60％以上が65歳以上の方で。最初は、『身体がきついからツバキは採れん』『人もおらんとに誰がするとね？』と反対されました。でも、絶対にツバキを使いたかったんです。全国に誇れる地域の看板商品をつくってみせる、って」

繰り返し島を訪れ、ようやく熱意が通じて、島民の協力を得られた松尾さんは、JCCから工場の紹介を受け、ツバキ油が持つオレイン酸やビタミンEなどの成分を活かした石鹸づくりに着手する。特にこだわったのは、石鹸の成分だった。どうしても、パッケージの成分表示の欄の最初に「ツバキ油」と記したかったのだ。そして、加唐島のツバキ油を35％（種子に換算して約90個）配合したこだわりの無添加石鹸が完成し、自身がデザインしたパッケージに包装され、2017年5月、唐津のイベント「Hana Marche」でデビューした。

social cosmetics

14

KARATSU
SAGA

ツバキの採取に消極的だった島民も松尾さんの情熱に動かされ、次第に協力的に

ツバキの種。収穫量は天候に左右されるため、希少価値が高い

種から取った油をコールドプロセス製法により、ゆっくりと時間をかけて熟成させる

完成した「ツバキ サボン」の石鹸を手に、島民のみなさんと。右から3番目が松尾聡子さん

加唐島の全景。日本書紀にも『ツバキの島』と記されるほど、数多くのツバキが自生している

デザインで地方を救いたい

評判は上々だった。9月には、「ジャパンメイド・ビューティ アワード」優秀賞を受賞した。そうしたことはもちろんなのだが、加唐島のツバキを知ってもらえたこと、島の人々と仕事が続けられること、そして何より、「あんたのおかげで、みんな頑張ってツバキ油採りようとよ」と言ってくれる彼らの元気な笑顔が嬉しかった。さらに最近では、美容メーカーから加唐島のツバキ油が注目され始めている。これこそが、松尾さんがやりたかった地域デザインなのだ。

2018年には、「若い経営者の主張大会」に出場。加唐島での取り組みについて発表し、九州代表に選ばれた。こうした活動が注目され、全国から講演に呼ばれる機会も増えた。

「地方は衰退しているといわれますが、現地に行きお話を聞いていると、身近すぎて魅力に気づかれていないケースが多いんです。そういう問題を共有し、デザインの力で地方を元気にしたいと思っています」

社会派化粧品
Products

石鹸（桐箱）

食品の原料にもなる加唐島の希少価値の高いコールドプレス（非加熱圧搾製法）されたツバキ油を35%配合

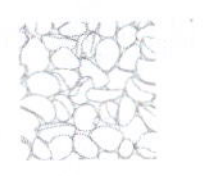

石鹸（紙箱）

パッケージデザインは、原料となる油が抽出できるツバキの種がモチーフになっている

バーム

加唐島の椿油をベースにミツロウとゼラニウム油。全身に使える

[問い合わせ先]
株式会社バーズ・プランニング
〒847-0303 佐賀県唐津市呼子町呼子1812
TEL 0955-82-1600
http://birds-planning.com

デザイン／松尾聡子（バーズ・プランニング）
http://birds-planning.com

Retea

レティア

佐賀県嬉野市

海外で暮らして知った、日本文化のすばらしさ。

自身の大病、愛娘のアトピーで知った、

健康の大切さ。

やがて出会った茶の実は、

両方を兼ね備える存在。

耕作放棄地を再生させ、

茶の実の新たな可能性を探る。

茶は世界に誇る日本の文化

株式会社緑門の代表、下山田力さんが日本文化のすばらしさを強く意識したのは、ワーキングホリデーでオーストラリアに留学していた20歳のときだった。その後は一般企業に就職するも、大病を患ったことで起業を志すようになる。何がしたいのか、何ができるのか、を自問自答するうちに、これまでの経験から〝海外〟〝健康〟というキーワードを思いつく。それならば、お茶は日本が誇るべき文化であり、海外でも評価が高いという考えに行き着き、２０１２年1月、国産紅茶の仕入・販売を手がける会社、緑門を創業するにいたった。

国産紅茶の仕入先を探していた頃、荒れた茶畑で茶の実に出会う。そして、佐賀県嬉野市で茶の実油をつくっていて、栽培方法を教えてくれる人がいるという情報を得た。あまり知られていないが、茶は小ぶりで白い花を咲かせ、さらにある条件を満たせば茶の実が成る。その実を搾った茶の実油は敏感肌、乾燥肌、肌かぶれ、湿疹など、肌が弱い人向けのスキンケアオイルに使えるのだが、つくっている人は少なかった。

「生まれつきのアトピーとアレルギーのために傷ついている娘の肌を治してあげたい、耕作放棄された茶畑を再生させたい、という二つの思いがありました」

そして、２０１４年9月、スキンケア用の茶の実油（ティーオイル）の販売を開始した。余談だが、世界三大美人の一人である楊貴妃も、美容や健康のために愛用していたという。

茶の実油を使った万能ソース

創業してしばらくはコスメブランド「Retea《レティア》」の展開のみだったが、規模を拡大するにつれて茶の実油の原料販売も開始し、２０１８年からは食用としてのオイルもラインナップに加えた。近年の健康志向の高まりを受け、ビタミンEがオリーブオイルの5倍ほどといわれる茶の実油に注目が集まっている。

「自然栽培の茶の実を搾った純国産の茶の実油と、国産茶葉が入った食べるソースです。パスタとあえてジェノベーゼ風、ごはんやパン、豆腐にのせて食べるラー油風でもおいしく楽しめますよ」

social cosmetics

15

URESHINO SAGA

上／嬉野市内の茶畑の風景
左／茶の花。茶葉を栽培している茶畑には花は咲かず、放棄すると花がつきやすくなる。花が咲き受粉すると、翌年その場所に茶の実が成る

収穫から2ヶ月くらい前の茶の実。茶の木に房としてついている状態

コールドプレス製法により、茶の実油を搾油中

社会派化粧品
Products

TEA OIL 10ml
（茶の実オイル）

茶実は無農薬・無肥料栽培。乾燥から肌を優しく包む保湿力、肌に自然になじむ浸透力が特徴

TEA OIL フェイシャル
ジェルクリーム

自然栽培の茶の実油を配合した、アトピー・乾燥・敏感肌の方のための保湿クリーム

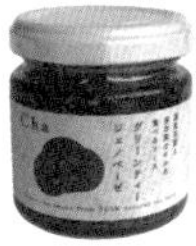

グリーンティー
ジェノベーゼ

自然栽培の茶の実で搾った純国産の茶の実油と、おいしい国産茶葉が入った食べるソース

［ 問い合わせ先 ］
株式会社緑門
〒843-0305 佐賀県嬉野市嬉野町不動山乙108
TEL 047-767-1313（本社）
https://www.ryokumon.jp

デザイン／ Nady合同会社（コスメ）
STUDIO crossing（ジェノベーゼ）

ジャパン・コスメティックセンター（ＪＣＣ）の将来の構想について

インタビュー　ジャパン・コスメティックセンター　八島大三さん

２０１８年11月、ジャパン・コスメティックセンター（ＪＣＣ）は設立から５周年を迎えました。「なぜ佐賀県唐津市だったのか」「普段はどのような活動をしているのか」など、疑問は尽きません。そこで、「唐津コスメティック構想」について、唐津市経済観光部コスメティック産業課課長兼ジャパン・コスメティックセンター事務局次長の八島大三さんにお答えいただきました。

●業界の人を除けば、唐津とコスメを結びつけられる人は少ないように思うのですが、なぜ、唐津市だったのでしょうか？

いくつか理由があります。まず、唐津はコスメの原料となる地域資源が豊富です。次に、それらを製造、検査できる企業の存在です。さらに、アジア市場に近い立地が挙げられます。

●たしかに、豊臣秀吉の朝鮮出兵（文禄・慶長の役）も、唐津が拠点ですよね。設立までの流れについて教えていただけますか？

唐津も他の地方と同じように、人口減少の問題を抱えていて、今後の成長産業をつくっていく必要がありました。私は市役所で企画を担当していたのですが、地元のコスメの会社さんに誘われ、２０１２年６月、フランスにある世界最大の産業集積地「コスメティックバレー」を視察しました。そこでは、原料を栽培する農家（１次産業）から、原料を加工する会社、加工したものを卸す商社、製造を請け負うOEMメーカー、中身を詰めるための容器メーカー、パッケージの印刷所などの中小企業が、ときにパートナーを変えながら、サプライチェーンを形成していました。シャネルやゲラン、ディオールなど、名だたるブランドが知られますが、実際、コスメ関連企業の8割以上が中小企業なんですよ。このモデルを唐津でできないか、と考え、佐賀県や玄海町にも賛同いただき、13年4月、フランス・コスメティックバレー協会との協力連携協定を締結し、11月に設立の運びとなりました。新市場開拓、産業創出、地域ブランド構築を通じて、「国際的コスメティッククラスター」を創造することがミッションとなります。

●そのなかから、特に本書のテーマである「地域ブランド構築」についてお聞きしたいのですが、JCCの役割は何だと思われますか?

今のところ(2018年11月8日現在)、佐賀だけでなく全国、海外まで含めて204社に正会員になっていただいていますが、それらの会員さんのプラットフォームになることです。コスメは一般の製造業に比べ、付加価値の幅が2倍あるといわれていて、それだけブランディングやプロモーションが重要になってきます。それぞれに強みを持つ企業同士をつなげることで、シナジーを生み出せるようなサポートを行っています。これまでに、加唐島のツバキを使った「ツバキサボン」(P.108)や嬉野市の茶の実油を使った「レティア」(P.114)をはじめ、唐津産、佐賀産の素材を使って、約20の企業が約50のアイテムを開発するお手伝いをしてきました。

●16年には、自ら農場も所有されましたね。

1haの耕作放棄地をJCCの試験圃場として運営を始めました。この「TocoWakaFarm」では、放棄地の再生というソーシャルな部分から、観光産業などのビジネスにまで広げることを視野に入れています。16年5月の花摘みイベントには、近隣の住民の方や地元の高校生に多数参加していただいたのですが、そのことがきっかけで、翌年5月に「Hana Marche」というイベントを開催することができました。オーガニックコスメや自然食品が並ぶマルシェから、ワークショップ、トークイベントなど、たいへん盛り上がりました。さらに、ウンシュウミカンの花から抽出された「ウンシュウミカン花水」は、「ネロリラ ボタニカ」(P.50)にご利用いただいていますが、もっと原料を市場に提供できるようにしていきたい。そのモデルとして考えているのが、南仏のグラースという香料で有名な産業集積地です。そこでは、長い歴史のなかで農家さんがハーブを栽培し、それらはゲランやディオールの香水の原料になっているんですが、農家さんたちは自分たちが育てたものが世界に通用することにとてもプライドを持っています。

● **地域商社も設立されたとか。**

そうですね。17年には、JCCが100%出資して、化粧品や健康食品の企画開発、販売などを行う地域商社「Karatsu Style」(P.122)を設立しました。

● **それでは最後に、将来の構想について教えていただけますか?**

18年11月のJCCの5周年の記念イベントに合わせて、株式会社クレコスによる新しい工場「FACTO」(P.70)のお披露目を行いました。市の休眠施設となっていたペットボトルセンターを有効活用できたこと、佐賀の生産者がものづくりに携われること、少量多品種生産が得意で地域ブランドの経験が豊富なクレコスさんが来てくれたこと、とまさに一石三鳥です。この5年ほどで唐津には海外からの40数社を含め、のべ約900社の企業に訪れてもらっていますが、将来的には、サプライチェーンを強化し、コスメビジネスのスタートアップがしやすいインキュベーションセンターを目指したいと考えています。「コスメのまちってどこ?」って聞かれたときに、唐津が一番に出てくるようになりたいですね。

JCC試験圃場「TocoWakaFarm」

唐津に全国のキレイが集まるイベント「Hana Marche」

八島 大三　やしま だいぞう
佐賀県唐津市出身。大学を卒業後、1994年、唐津市役所に入職。2012年より唐津コスメティック構想の立ち上げに参画。現在は唐津市経済観光部コスメティック産業課課長兼ジャパン・コスメティックセンター事務局次長を務める。http://jcc-k.com

地元の天然素材を活用し、健康食品をプロデュース
インタビュー ― Karatsu Style 片渕一暢さん

株式会社Karatsu Styleは、ジャパン・コスメティックセンター（JCC）の100％出資の地域商社として、2017年4月に設立。唐津やその周辺の天然素材を活用し、既製品にはない価値を持つ化粧品や食品を開発、地域内外へ提供し続けることを目的としています。現在、健康食品の開発を担当する片渕一暢さんにお話をうかがいました。

● 出身はどちらですか？

佐賀県杵島郡白石町です。

● Karatsu Styleに入る前は何をされていたのですか？

東京の大学を卒業後、化粧品の会社に就職しました。でも、マーケティング主導で行われる商品開発に納得がいかなくて、地に足がついたものづくりがしたいと考えていたんです。そんな最中、2011年3月、東日本大震災が発生しました。

● 東日本大震災は、片渕さんにどのような影響をおよぼしたのですか？

国民の目が地方に向けられるようになるなか、自分もUターンを決意し、日本酒メーカーに転職しました。東京ではいろんなことがやり尽くされているように見えるけど、地域ならまだ自分がゼロからイチを生み出せるんじゃないか、って。日本酒の製造のお手伝いと海外輸出を担当していたんですが、起業して地域商社を立ち上げたいと思うようになっていきました。その

矢先に、JCCがKaratsu Styleの設立のためのメンバーを募集していることを知り、まだ準備室の段階だった2016年11月に入社しました。

●化粧品と食品、どちらをされたかったのですか？

JCCがコスメティック産業の団体であることは知っていましたが、日本酒メーカーでの経験もあるので、食品を手がけたいと思っていました。

●第一弾が、「スウィッチェル」ですね。

商品企画をする上で気をつけたのは、「バイヤーが導入する理由がある商品」をつくることでした。その当時、スウィッチェルは日本ではまだ知られていなかったのですが、アサイーなど、スーパーフードのブームもあり、ウェルネス志向のものを売場に増やしていこうという機運は高まっていたと思います。そのなかで、佐賀でつくれ、輸出も見込めそうなもの、ということで、海外市場のリサーチの結果、スウィッチェルに着目しました。要は「飲む酢」なんですが、コンセプトや見え方がまったく違うので、競合しません。

●開発のプロセスについて、くわしく教えてください。

製造はJCCの会員でもあるサガ・ビネガーさんにお願いしました。コンセプトづくり、原価計算、デザインディレクション、販促企画など、一通りやらせていただいたので、非常にいい経験になりました。経験はないのにこだわりだけは強くて、デザイナーさんとのやりとりなど、今思うと恥ずかしいです(笑)。製品レベルではすでに市場にあるお酢のドリンクと決定的な差はなくても、ターゲットのセグメンテーションはまったく違う。やはりコンセプトづくりが一番大事ですし、それがブレなければ、それに合ったデザインやクリエイティブが潜在的にある。それをディレクションによって現実にするのが商品開発の仕事だと思います。

●2017年6月に発表されましたが、手ごたえはいかがでしたか？

狙い通りにいった部分といかなかった部分があります。狙い通りだった部分は、マーケットインのしやすさ。コンセプトがユニークなので、初年度で100店舗以上に拡販するなど順調でした。そうでなかった部分は、こちらが想定するより、お客様にとってむずかしい商品なのかもしれないということでした。私たちは大企業のようにPRに予算をかけられないので、店頭で一目見て理解できる商品でなくてはならない。スウィッチェル以降が日本語でわかりやすい商品名やビジュアルになっているのは、そういう経験を踏まえて、というところもあります。ただ、シンガポールや中国など海外輸出もさせていただいておりますし、「ジャパンメイド・ビューティアワード」の優秀賞、「インターナショナル・ビバレッジ・アワード」のベストニュークラフトドリンク部門を受賞させていただいたり、世界中から考えられないような評価をいただきました。

●それからも、いろいろとプロデュースされていますね。

国産原材料のみを使った、添加物不使用、栄養豊富な大豆スナック「おやつ大豆」、そして2018年11月には、唐津産のハチミツや嬉野産の抹茶などを材料に、1913(大正2)年の創業から100年以上、こだわりの手づくりの飴をつくり続けている武雄市の岸川製菓とともに「正直飴」を発表しました。これらの商品は、どれも売ることを目的としてつくられました。適切な原価計算、市場調査、上代設定をすることで、しっかりとリピーターになっていただければ、地域の農家の収入増につながりますし、食品メーカーからも喜んでいただけます。やっぱり、自社ブランドだけではなく、OEMで売上が確保できるということは、メーカーさんにとってもいいことなんです。

●最後に、今後の展開についてお聞かせください。

地域において、メーカーとデザイナーの両者のあいだに立ち、財務的な視点も踏まえ、ゴールを設定し、ディレクションできるディレクターの不在を強く感じています。ブランドや商品は子どものようなものなので、熱量を入れて、腹落ちした上で発売しないと、かけた時間がもったいない。これからは自社商品の強化に加え、ブランド開発のコンサルタントとして地域のメーカー支援することも視野に入れています。もちろん佐賀県外でも結構ですし、お手伝いできそうなことがあれば、ご連絡をお待ちしております(笑)。

日本初のスウィッチェルのブランド「シャンティスウィッチェル」

佐賀県武雄市にある歴史ある飴メーカー、岸川製菓とコラボレーションした「正直飴」

国産原材料100%使用。佐賀の大豆をユニークに打ち出した無添加スナック「おやつ大豆」

片渕 一暢　かたふち かずのぶ

1985年生まれ。佐賀県出身。国際基督教大学卒業。東京の化粧品会社で営業職を経験後、佐賀に戻り日本酒の製造・輸出に携わる。その後、地域商社Karatsu Styleに立ち上げメンバーとして参画。事業部長として地域原料を活用した食品ブランドを複数立ち上げる。http://www.karatsustyle.com

BOTANICANON

ボタニカノン

鹿児島県肝属郡南大隅町

オーガニックに目覚めたのは、娘のアレルギーがきっかけだった。
ナチュラルコスメを製造するにあたり、
拠点として選んだのは生まれ故郷の廃校だった。
いろんな偶然が必然であったかのように、
引きつけられ、収束していった。
約4000種類もの緑の宝物を背景に、
コスメの開発に勤しむ毎日。

廃校をコスメ工場に

　本土最南端の地である鹿児島県南大隅町は、日本最大の照葉樹林帯であり、亜熱帯気候の北限に位置し、約4000種類もの亜熱帯植物が群生する。佐多町(現南大隅町)に生まれ育ち、後に離れ、再び家族を伴って戻ってきた黒木靖之さんは今、地域の恵みを背景にナチュラルコスメを開発する日々を過ごしている。

　高校を卒業後、大阪で就職した黒木さんは3年間で独立し、化粧品の輸入、商品企画を手がけるようになる。オーガニックを意識し始めたのは、娘の存在がきっかけだった。生後半年で母乳を離れると、アトピーをはじめ、さまざまなアレルギーを発症したのだ。娘のために医者を訪ねたり、文献を調べたり、奔走するなか、あるとき、ダチョウの油がアトピーに効果的と知り、それを使用した石鹸の製造を考えつく。原料の入手や工場の場所を検討したところ、志布志市にダチョウ牧場があることがわかり、大阪に拠点を置きながら故郷の南大隅町で石鹸づくりを開始した。2005年のことだった。

　それから、良質の油を求めてヨーロッパを旅した。フランスの下請け工場を訪れたとき、工場にラベンダー畑が隣接しているのを見て、理想的な環境に思えた。時代的には、ちょうど日本でもナチュラルコスメが受け入れられる下地ができつつあった。その後紆余曲折を経て、2016年7月、黒木さんにとっての理想郷にたどり着く。場所は錦江湾を望む高台にある、現在は使われていない小学校だった。新しい会社の名前は、ボタニカルファクトリー。そして、ここから生み出されるブランドの名前は、ボタニカル(BOTANICAL=植物由来)がカノン(CANON=輪唱)していくように、との願いから「BOTANICANON《ボタニカノン》」と名づけられた。

「廃校の活用は推進されていますが、地元の方々の同意を得られないことには、なかなか使用許可が下りないのが実情です。私はこの南大隅町の出身で、地元で石鹸づくりの実績があったことから、何とかほとんどの住民の方から賛同を得ることができました」

　こうして、全国でも類を見ない廃校を再活用した工場でのコスメづくりが始まった。黒板や下足箱、教室札など、そこかしこに小学校の面影を残しながら……。

social cosmetics

16

MINAMIOSUMI
KAGOSHIMA

2013年に廃校になった登尾小学校の校舎をコスメの工場に。ボタニカルファクトリーのスタッフのなかには卒業生もいるのだとか

校舎の長い廊下を有効活用して、レモングラスを自然乾燥中

子どもたちがランドセルを入れていた棚をディスプレイの棚に有効活用

キッチンコスメのすすめ

ボタニカノンが目指すのは、地産原料の良さを最大限に引き出した、ケミカル（化学薬品）フリーのコスメだ。地の利を活かして多種多様な植物を原料に用いているが、なかでも、月桃、レモングラス、ホーリーバジルに関しては契約栽培を行っている。「ボタニカノン」「ボタニカノン ディライト」と、着実に商品のラインナップを増やしながら、ワークショップも開催し、30～50代の女性を中心に人気だ。企業秘密であるはずのレシピも公開している。黒木さんは言う。

「口につけるものと肌につけるものは同等と考えています。だから、食事をつくるように、自宅のキッチンでコスメもつくってほしい。それが面倒になれば、うちで買っていただければ（笑）」

ボタニカルファクトリーが創業した2016年以降、人々の記憶から消え去ろうとしていたかつての学び舎はコスメ工場として再生し、そこで働く仲間たちは増えた。さらに、耕作放棄地対策に寄与するハーブを使用したり、廃棄処分されていた無農薬の規格外農作物（タンカン、パッションフルーツ、辺塚ダイダイなど）を積極的に買い取ったりすることで、近隣の農家の方たちの仕事を創出した。ゆっくりかもしれないが、確実に、周辺に好循環を生み出している。

「その気になれば、4000種類の植物を使えるわけで、この場所のポテンシャルにワクワクしています。地元の雇用のことや、地元に貢献することは、実はそんなに意識していません。私たちのコスメを多くの人につけてほしいと思うし、ボタニカノンが愛されることが、結果として地元への恩返しになると思っています」

月桃

工場の裏山の景色。約4000種類の亜熱帯植物が群生している

社会派化粧品
Products

ナチュラルソープ
ホーリーバジル

アーユルヴェーダで最高位のハーブとされるホーリーバジルの濃厚なエキスをベースに仕上げた、肌トラブルに最適な石鹸

ハーバルエッセンスミルク

地場産4種類の無農薬ハーブエキスと5種類の植物オイルでつくられた美容成分配合の乳液。肌の油分と水分のバランスを整え皮膚に柔軟性をもたらす

ピュアパッションフルーツ
化粧水

パッションフルーツが原料。濃厚な天然保湿成分で、クーラーからの乾燥や夏の陽射しのケアに

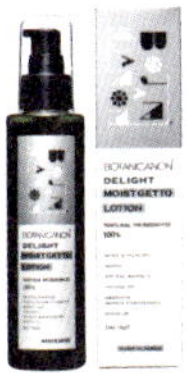

モイスト月桃化粧水

水を一切加えずに佐多岬産の無農薬月桃蒸留水のみを使用。高い保湿力ながらもさらりとした感触の化粧水

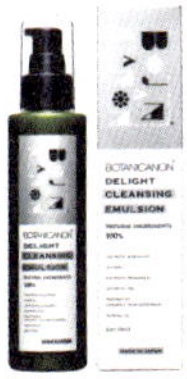

クレンジング エマルジョン

お肌をいたわりながらメイクを落とす。植物由来成分100％、洗浄剤、合成界面活性剤、防腐剤、アルコール、すべてフリー

エッセンス（美容液）

佐多岬、南大隅町産の無農薬の月桃葉、ホーリーバジル、パッションフルーツを独自抽出した濃厚なエキスを全体の60%配合

［ 問い合わせ先 ］
株式会社ボタニカルファクトリー
〒893-2505
鹿児島県肝属郡南大隅町根占辺田3310登尾小学校跡
TEL 0994-24-3008
http://botanical.co.jp

デザイン／丈井彰一郎（KATAL SEVEN）
https://www.katalseven.com

naure

ナウレ

沖縄県宮古島市

異なる二つの道が、出身地から遠く離れた南国、

池間島で重なった。

島おこしを続けるうちに見えてきた、

さまざまな課題、そして希望。

島を守ってきたテリハボクは、

豊潤なオイルを、美しい自然を、

島民の笑顔を、未来へつなげる。

池間島へ移住したそれぞれの理由

神奈川県出身の三輪智子さんは、大学を卒業後、茨城の環境NPOで地域の子どもや大学生と一緒に、耕作放棄地を再生させて無農薬の米づくりを行ったり、ニホンミツバチを飼ってハチミツを採ったり、ビオトープをつくって生物を観察したりと、環境教育や自然と共生するまちづくりに携わる仕事をしていた。2012年の夏、単身で池間島へ移住。福祉事業と地域おこしを実践するNPOの代表から誘いを受け、「島を元気にしたい」という思いに共感し、ほとんど迷うことなく決意した。

福岡県出身の三輪大介さんは、大学生の頃から沖縄で暮らしていたが、宮古島に来る前は京都で、共同体の資源管理「コモンズ」について勉強していた。漁業関係の調査の仕事がきっかけで、2011年に宮古島へ。調査の仕事が終わった後も、引き続き県の臨時職員として林務の仕事をしていたが、その際に池間島で植林をする機会があり、13年からは池間島で地域づくりの仕事をするようになった。

二人は池間島で出会い、2014年に結婚。子どもも授かった。おばあやおじいたちが名前を呼んで抱っこし、自分の孫やひ孫のようにかわいがってくれる。実際の祖父母は遠くてなかなか会えないが、「おばあ、おじい」と呼ぶ人はたくさんいる。島のみんなに育ててもらっていると実感する日々を過ごしている。

島の資源から新たな産業を

智子さんと大介さんは、2013年4月にNPOの島おこし部の同僚となって以来、高齢者主体の民泊事業や島のカレンダーの制作、「シマ学校」の企画運営など、さまざまな島おこし事業にチャレンジしてきた。そこで、島のお年寄りから、消えゆく島の言葉や唄、伝統的な漁法や農法、自然の恵みをいただく知恵や経験の数々を教わった。二人が目指したのは、それらをただ記録するのではなく、日常に戻していくことだった。

次第に、コミュニティの機能の低下と、島の自然環境の劣化に関係があることがわかってきた。コミュニティの結びつきが弱まると、道路や共有地、海岸林などのメンテナンスがむずかしくなり、また、監視の目がゆるむことで容易に開発を許してしまい、海岸の植物や熱帯魚の乱獲など

ヤラブの実。ヤラブは沖縄・宮古での方言名で、テリハボクが和名。春と秋に実をつける。
黄色く熟すと甘みが出て、昔の池間の子どもたちのおやつだった。ヤエヤマオオコウモリの好物でもある

島のおばあたちに仕事としてお願いしている種の殻割り作業。
自然落下した種を集め、外側の硬い殻を割って、中の仁を取り出す。この仁がオイルの原料になる

殻を割った種(仁)を天日で乾燥中。2～3ヶ月、じっくりと乾燥させてから、コールドプレス製法で搾油する

自宅のある宮古島と仕事場のある池間島を結ぶ「池間大橋」。
橋を渡るたびに、一日として同じ色がない美しい海を眺めながら気持ちを切り替えているのだとか

もおこる。

　こうした環境の悪化は、漁業や観光業といった既存の産業に悪影響を与え、そこに従事する働き世代が島を出て行き、さらにコミュニティの機能が低下していく、という悪循環を招く。これを断ち切るには、環境の保全や、自然を豊かにしていくことを必然とする新しい産業の仕組みが必要となる。そこで、たどり着いたのが、「タマヌオイル」だった。

「2015年頃から防風林の再生を目的に、たくさんのテリハボクの苗木をつくってきました。南太平洋の島々ではテリハボクからオイルをつくっているという話を聞き、実から美容用のオイルがつくれることを知ったのが17年頃です。かつて池間島の漁師はカツオを追って、南洋へ出かけましたが、当地では、古くからテリハボクの種から採れるオイル、すなわち『タマヌオイル』を伝統的な薬として使用していたそうです。タマヌオイルは、抗酸化作用や抗炎症作用に優れ、近年、美容業界の注目を集めるようになってきましたが、もともと南太平洋の島々では、切り傷や火傷などの創傷治療や、日焼けニキビ、湿疹、乳幼児のオムツかぶれなどの皮膚の炎症を抑えるため、また、リウマチや神経痛などの鎮痛剤として使われることもあったそうです。テリハボクは、宮古・八重山では古くから豊富に植樹されていますが、資源としての利活用はほとんどされてきませんでした。島の美しい自然に負荷をかけずに、新しい産業をつくれるかもしれないという発想は、とても魅力的でした」

　2018年秋、クラウドファンディングによる資金の調達、原料となるテリハボクの種集め、おばあたちによる種の殻割り、商品開発、パッケージデザインなどを開始し、年が明けた19年1月、「naure《ナウレ》」が誕生した。ブランド名は、宮古・八重山の多くの古謡で囃子として唄われる、島民の豊穣への願い、平和で豊かな世への願いをあらわす言葉「ユヤナウレ」から名づけられた。また、島の海岸林を健全化し、同時に持続的な資源供給を行うため、池間島の共有地にテリハボクの共同採取地「ヤラブの森」を造成した。

「ヤラブの森は、かつての里山のように、徐々に島のコモンズへと成長していきます。私たちが目指すのは、よそから奪うことなく、大切なものを壊すことなく、ユー（富、豊穣を指す池間島の言葉）を分かちあっていける未来です」

社会派化粧品
Products

ボディオイル

タマヌオイルを配合したボディオイル。池間島産パッションフルーツ種子油など、数種類の良質なオイルをブレンドして、サラッとした優しい使い心地に

ピュアオイル

宮古・池間島で収穫したテリハボクの種子をコールドプレス製法で搾ったオイル。肌にしっとりとした潤いとなめらかさを与えてくれる

[問い合わせ先]
ヤラブの木(Yarabu Tree)
〒906-0421
沖縄県宮古島市平良字池間266番地
TEL 0980-75-2501
http://yarabutree.com

デザイン／三輪智子(ヤラブの木)

http://yarabutree.com

売場から見たオーガニックコスメ
インタビュー ― matsurica 藤原美紀子さん

国内に2店舗、台湾に2店舗（2019年3月現在）を持ち、さらに今春、国内にもう1店舗出店を予定するなど国内外から注目を集める、日本のコスメの専門店「matsurica《マツリカ》」。商品の仕入れから、売場での企画、さらに接客まで、全体を統括するマネージャーの藤原美紀子さんに、販売の最前線から日本のオーガニックコスメについて語ってもらいました。

●どういうお店か、くわしく教えていただけますか？

日本のオーガニックコスメを扱っていますが、単に商品を並べて販売するだけではなく、お客様が体験できるお店です。商品の原料や、商品が生まれた背景についてスタッフがお客様に語れることはもちろん、実際に触れたり、試せたり、さまざまなワークショップを開催しています。今後は、日本の四季を体感できるお店づくりを目指しています。さらに、47都道府県から集めたプロモーションを企画中です。

●47都道府県とは、すごいですね。

はい。100社以上のブランドにお声がけさせていただきました。仕入先が一気に増え、在庫の管理なども大変です（笑）。顔を洗う、体を洗う、髪を洗う、衣類を洗うなど、「洗うもの」をテーマにセレクトしています。オーガニックコスメを使用される方のなかには、海外のものを選ばれるケースが多いので、まずは「洗う」という身近なところから、国産コスメの良さに気づいてもらえる機会になれば、と思っています。

●仕入れする商品を選ぶ基準のようなものはあるのですか?

ほんとうはすべての商品を並べたいのですが、スペースの問題もありますので……。基準としては、使用感だったり、原料や成分だったり、商品が持つストーリーだったり、価格だったり、いろいろです。「matsuricaにあるものなら安心」とお客様に思ってもらえることが、一番大切だと考えています。

●藤原さんは、コスメ業界に携わって10年以上とのことですが、オーガニックコスメを取り巻く状況はどのように変化してきたと思われますか?

個人的には、子どもを産んでから変わりました。多少高くても、いいものを食べよう、いいものをつけよう、という風に。だから、自分の変化なのか、世の中の変化なのか、わかりづらいところはあるのですが……。ただ、接客していても、知識や情報をお持ちで、意識の高い方は増えました。

●海外のものと比べ、日本のオーガニックコスメの良さは何だと思われますか?

一番はつくり手の顔が見えること。海外のものだと、ブランドから与えられた情報がすべてになってしまいますが、日本ならその気になれば、会いに行って生の声を聞くこともできます。実は今、当店でプッシュしていきたいブランドがあって、今度原料の収穫の時期にお邪魔しようと思っているんです。あと、価格にしても、海外のものは関税などでどうしても現地よりも高くなってしまいますよね。そして何よりも、日本のコスメは、日本人の肌のことを考えてつくられていますから。

藤原 美紀子　ふじわら みきこ
matsurica統括マネージャー。海外化粧品メーカーで、MDや店舗マネジメントなどを経て、2017年、株式会社プラナコーポレーション東京へ入社。1ヶ月ほど店長を務めた後、現職。仕入れから企画、販売まで、全体の統括を担う。プライベートでは、一女の母。https://matsuricaweb.com

移住することだけが地方への貢献じゃない？

インタビュー ―『TURNS』 堀口正裕さん

東日本大震災以降、地方や移住に関心のある人は着実に増えています。2012年6月の創刊以来、『TURNS《ターンズ》』は雑誌媒体をはじめ、ウェブマガジン、イベント、ツアーを通じて、そうした人々と地域をつなぐ架け橋の役割を果たしてきました。プロデューサーの堀口正裕さんに、地方に貢献するためのヒントについて教えてもらいました。

●まずは、堀口さんが企画、創刊された雑誌『TURNS』について教えてください。

東日本大震災後の2012年6月に創刊しました。Iターン、Uターン、Jターン、Oターンなど、いろいろターンがありますが、その意味だけでなく、「こういう生き方でよかったのか」と自分の人生を振り返る転換点(ターン)になれば、という思いからタイトルにしました。3・11からずいぶん経ちましたが、『TURNS』を通して生き方を変えた人たちがたくさん出てきました。何かを踏み出した人たちのリアルなストーリーが描かれています。

●浦幌町の森さん(P.22)や東近江市の前川さん(P.64)をはじめ、昨今、地方へ移住する人が増えている背景に、2009年に制度化された「地域おこし協力隊」もあると思うのですが、どのようにお考えですか？

制度自体はすばらしいと思います。3年間の任期終了後も約6割の人が住み続けているといわれていますしね。ただ残念ながら、「こんなはずじゃなかった」と愚痴をこぼしてばかりの隊員がいることも事実です。縁もゆかりもないところに住むというのは覚悟が必要なんです。今はこれだけ情報が取れる時代なので、事前に調べたり下見したりしっかり準備をして臨んでほしいと思います。

雑誌『TURNS』。第一プログレスから、
毎偶月20日発行

●いきなり核心をつくような質問になりますが、移住して成功するのはどのような人ですか？

これを言うとドン引きされるんですけど、「都市で成功している人」です。バリバリ仕事ができて、コミュニケーションも取れる人が成功する傾向があります。大切なことは、自分がワクワクすること。やりたいことがきちんとあって、それが地域が喜んでくれることと重ならないと意味がないし、長続きしないですよね。「地域のため」とか言っている人ほど怪しい（笑）。

●たしかに（笑）。

地方は人間関係が濃厚になりがちなので、ひっそりと静かに暮らしたい人には東京が一番です。いわゆる、〝人たらし〟な人というのは移住に向いていると思いますが、そうではない人でも、東京にいながら地方への貢献はできます。

●都会にいながら地方とかかわるとはどういうことですか？

自分のスキルを一つの組織で共有するのではなくて、社会全体で共有しようというパラレルワーク（並行して複数の仕事をする、複数の収入源を得ること）のような動きがありますよね。そうすると自分の経験を提供しやすくなります。そこには住まないけど、遠距離からこういう貢献ができる、というような。岐阜県郡上市では、「プロジェクト人口」（地域内外でプロジェクトにかかわった人口の総数）と呼ばれる指標がありますが、これは移住する、しないに関係なく、自ら役割を持ってかかわるという新しい考え方です。

●もう少し具体的な方法を教えてください。

たとえば、「ふるさと住民票」（仕事や介護、災害、ふるさと納税などで居住地以外の地域とかかわりを持つ人たち、持ちたい人たちが、もっと気軽に、広く地域にかかわれるようにするための仕組み）というのが始まっています。その地方の人やものやことが大好きだけど、今自分がいる場所も仕事も大切といった場合、第二市民のようなかたちでかかわることができるんです。他にも、消滅の危機にある古民家を村に見立てて再生させる「シェアビレッジ」というプロジェクトがあります。行政主導だったり、民間発信だったり、ユニークな動きが生まれてきていますよ。おもしろいのは、郡上市の場合、結果的に移住者が増えています。

●『TURNS』が創刊されて6年になりますが、移住者は増えていますか？

移住者は増えている印象があります。ただそれよりも、SNSやオンラインサロンなど、つながり方が多様化したこともあり、移住しないまでも地方とかかわる人たち（関係人口）が急激に増えています。企業が「複業」を認める方向にあるので、さらに加速するのではないでしょうか。企業とのかかわり方も、今後地方には重要なポイントになると思っています。

●堀口さんにとって魅力的な地方とはどういうところですか？

何のために地方創生をやっているかといえば人それぞれですが、地方の良さを残し、つないでいくためだと思うんですよ。大人や移住者の若い人たちだけが盛り上がっていてもぜんぜん魅力的には感じません。そういう人たちが子どもたちと一緒に活動して、子どもたちが未来を語れる地方が魅力的だし、持続可能な地域の骨になっていくのだと思います。

堀口 正裕　ほりぐち まさひろ
株式会社第一プログレス常務取締役、『TURNS』プロデューサー。東日本大震災の後、「日本を地方から元気にしたい」との思いから、2012年6月、雑誌『TURNS』を創刊。地方の魅力はもちろん、地方で働く、暮らす、かかわり続けるためのヒントを発信している。　https://turns.jp

萩原 健太郎　はぎはら けんたろう

ジャーナリスト。日本文藝家協会会員。1972年生まれ。大阪府出身。関西学院大学卒業。株式会社アクタス勤務、デンマーク留学などを経て2007年独立。デザイン、インテリア、北欧、手仕事などのジャンルの執筆および講演、百貨店などの企画のプロデュースを中心に活動中。著書に『北欧とコーヒー』（青幻舎）、『北欧の日用品』（エクスナレッジ）、『北欧デザインの巨人たちあしあとをたどって。』（ビー・エヌ・エヌ新社）、『民藝の教科書①～④』（グラフィック社）、『ストーリーのある50の名作照明案内』『ストーリーのある50の名作椅子案内』（スペースシャワーネットワーク）などがある。

http://www.flighttodenmark.com

社会派化粧品

social cosmetics

2019年5月10日　初版発行

著　者　萩原 健太郎

デザイン　迫 一成 (hickory03travelers)、関谷恵理奈

写　真　内藤雅子 P.14, 16-17, 18, 20, 25中・下
　　　　萩原健太郎 P.9, 57, 66, 67上・中, 74, 96-97, 100, 121, 128上・下

イラスト　迫 一成

協　力　暮部達夫（株式会社クレコス代表取締役社長・アルデバラン株式会社代表取締役社長）
　　　　小田切裕倫（ジャパン・コスメティックセンター ブランドアクティベーション チーフコーディネーター）

発行所　キラジェンヌ株式会社

〒151-0073　東京都渋谷区笹塚3-19-2青田ビル2F

TEL:03-5371-0041 ／ FAX:03-5371-0051

発行者　吉良さおり

印刷・製本　日経印刷株式会社

ISBN 978-4-906913-85-5